ÜBER MILCHZUCKER VERGÄRENDE HEFEN DER ROHMILCH

INAUGURAL-DISSERTATION

ZUR

ERLANGUNG DER DOKTORWÜRDE

DER

HOHEN PHILOSOPHISCHEN FAKULTÄT

DER

CHRISTIAN-ALBRECHTS-UNIVERSITÄT

ZU KIEL

VORGELEGT VON

ERNST TRÜPER
AUS FARGE, BEZ. BREMEN

KIEL 1928

SPRINGER-VERLAG BERLIN HEIDELBERG GMBH 1928

Referent: Professor Dr. Henneberg
Korreferent: Professor Dr. Tischler
Tag der mündlichen Prüfung: 3. März 1928
Zum Druck genehmigt: Kiel, den 3. März 1928
Der Dekan: gez. F. Otto Schrader

ISBN 978-3-662-39141-9 ISBN 978-3-662-40124-8 (eBook)
DOI 10.1007/978-3-662-40124-8

Sonderdruck aus „Milchwirtschaftliche Forschungen", Bd. 6

Inhaltsverzeichnis.

Chronologische Literaturübersicht (S. 351).
    a) Torulaceen (S. 352).
    b) Gattung Saccharomyces (S. 355).
    c) Gattung Zygosaccharomyces (S. 356).
Eigene Untersuchungen (S. 357).
    a) Methodik der Reinzucht (S. 357).
    b) Allgemeiner Teil der Untersuchungen (S. 359).
    c) Spezieller Teil der Untersuchungen (S. 367).
Beschreibung der untersuchten Hefen (S. 386).
Zusammenfassung der Ergebnisse (S. 396).
Literaturverzeichnis (S. 399).
Photographische Aufnahmen (S. 401).

Chronologische Literaturübersicht.

So jung die wissenschaftliche Erkenntnis der Gärungserreger und der Gärung überhaupt und der Milchzuckervergärung im besonderen ist, die Geschichte ihrer Anwendung geht Jahrhunderte weit zurück. Während man die Ursprünge der alkoholischen Vergärung von Vegetabilien durch Hefen schon auf die alten Ägypter zurückführen zu können glaubt, ist der Ursprung der Milchzuckervergärung zu Alkohol bei den orientalischen Völkern zu suchen.

In der unüberwindlichen Sehnsucht nach berauschenden Getränken sind die Nomadenvölker dazu gekommen, aus der Milch, dem einzigen, außer Honig ihnen zu Gebote stehenden zuckerhaltigen Nährmittel, sich derartige Getränke zu bereiten. Je nach Art der Weiden der Nomadenvölker bestanden ihre Herden aus Pferden, Rindern und Schafen. Die verschiedenen chemischen Zusammensetzungen der Milch brachten natürlich auch einen Unterschied in Aroma, Alkoholgehalt und in der Flora der Milchgetränke je nach Ursprungstier mit sich.

Die Bewohner der nördlichen Bergländer des Kaukasus genießen seit undenklichen Zeiten die vergorene Kuhmilch als *Kefir*. Der Name „Kefir", gleichbedeutend mit Wonnetrank, sagt genug über die Beliebtheit dieses Getränkes. Die Nomaden der südrussischen Steppe vergoren die Pferdemilch zu einem Getränk, das uns unter dem Namen „*Kumys*" bekannt ist. Nach *A. R. Erlbeck*[10] ist dieser Name von den bereits von *Xenophon* (440—355 v. Chr.) erwähnten Kumonen abzuleiten, von denen ihn dann die Tartaren 1215 bei ihrer Besitzergreifung dieser Länder übernahmen. Nach *L. Reinhardt*[41] war dieses Getränk schon Allgemeingut der Tartaren, als sie der Gesandte Ludwig des Heiligen im Jahre 1253 besuchte.

Auf ein hohes Alter kann auch der Joghurt der Bulgaren, in dem auch oft, wenn auch nicht immer, Milchzuckervergärung zu Alkohol nachgewiesen worden ist, zurückblicken. Von weniger großer Bedeutung sind die noch zu erwähnenden alkoholischen Milchgetränke: Das *Mazun* der Armenier aus Büffel- und Ziegenmilch, das *Airan*, das neben Kumys bei den Baschkiren und Kirgisen sehr beliebt ist und aus Schafmilch bereitet wird, das *Leben raib* der Ägypter aus Kuh-, Büffel- oder Ziegenmilch, und das *Arsá* der Kalmücken aus Schaf-, Kuh- oder Stutenmilch.

Ein, dem Branntwein entsprechend, durch Destillation von Milchgetränken hergestelltes Getränk, *Araka*, haben die Kalmücken, das zwar keinen großen Alkoholgehalt, aber, nach *Erlbeck*[10], einen um so reicheren Gehalt an flüchtigen Fettsäuren hat. Es soll widerlich nach ranzigem Fett schmecken, was seine Erzeuger aber nicht hindert, sich mit Wohlbehagen darin zu berauschen.

Die Bedeutung dieser Milchgetränke im Haushalt der Naturvölker und auch ihre neuerdings, zum Teil, festgestellte therapeutische Bedeutung ließ eine Erforschung der Herstellungsvorgänge und der bei der Herstellung beteiligten Mikroorganismen nicht umgehen.

Hier sind auch die ersten Funde von Milchzucker vergärenden Hefen zu suchen. Die primitive Herstellungsweise und der mangelhaft entwickelte Sinn für Sauberkeit, sowie das selbstverständliche Fehlen jeder Kenntnis der bakteriologischen Vorgänge bei den Herstellern lassen es begreiflich erscheinen, daß jede wissenschaftliche Untersuchung dieser erwähnten Milchgetränke in bezug auf die Flora andere Resultate ergeben mußte. Trotzdem läßt sich aber aus den Ergebnissen ein Kern herausschälen, der die unbedingt notwendigen Organismen, zu denen jedesmal, neben anderen Pilzen, eine Hefe gehört, die den Zucker in Alkohol verwandelt.

Die ersten Angaben über Hefen als Gärungserreger in Milch sind in der französischen Literatur zu finden. Im Jahre 1874 untersuchte *Landowski*[34], etwas später *Cochin*[5] den Kumys. Sie fanden beide neben Bakterien eine Hefe. 1883 behauptet *Potechin*, daß im Kumys „vibriones cerevisiae" wären, die Milchzucker in Alkohol und Kohlensäure zerlegen. Ebenfalls 1883 findet Prof. *Ssorokin*[48] in Kasan im Kumys eine Hefe „*Saccharomyces cerevisiae*". Er beschreibt die Hefe als kugelige Zellen „mit zarter, durchsichtiger Membran, im Innern mit scharf begrenzten, stark lichtbrechenden Tropfen". Mittels Plattenkulturen gelingt es 1885 zuerst *Grigorieff*[15], eine Hefe aus Kumys zu isolieren, die einfach als *Saccharomyces cerevisiae* bezeichnet wird. Leider wendet sich das Interesse der weiteren Bearbeitung nur den Bakterien zu. Er gibt nur noch an, daß sie allein nicht Lactose vergärt, sondern nur bei Gegenwart von Milchsäurebakterien. *Stange*[49] behauptet 1886, daß eine von ihm isolierte Kumyshefe Lactose vergäre. 1887 findet *Duclaux*[7] eine Hefe in nicht einwandfreier Milch, die den Milchzucker vergärt. Sie ist auffallend klein, 1,5—2,5 μ, und beinah kugelig. Sie bildet keine Sporen. Man kann sie daher als Torulaart bezeichnen. Das Optimum liegt bei 25—30°. Die Hefe ist sehr säureempfindlich. In Maltose tritt keine Gärung ein.

Im Verlauf der nächsten Jahre wurden folgende *Torulaarten* gefunden, die Milchzucker vergären konnten: 1889 beschreibt *Adametz*[1] eine Hefe, die er *Saccharomyces lactis* nennt. Wegen des Fehlens des Sporenbildungsvermögens wird sie von *Dombrowsky*[6] als Torula angesehen. Sie unterscheidet sich von der *Torula Duclaux* durch mehr elliptische Form. *Torula Adametz* und eine von *Beijerinck*[2] 1889 isolierte Art wurden 1904 von *Heintze* und *Cohn*[21] vergleichend untersucht. Das wichtigste dieser Untersuchung sei hier kurz zusammengefaßt: Torula Adametz entwickelt sich besser bei Zimmertemperatur als die von *Beijerinck*. In der Gelatinestichkultur hat T. Adametz feine, zum Stichkanal senkrechte, strahlige Auswüchse. Die Riesenkolonien auf saurer Würzegelatine sind radiärstrahlig. T. Adametz hat besonders hohe Kolonien mit deutlichem Zentrum. Bei T. Beijerinck ist auf flüssigem Nährsubstrat schwache Hautbildung zu beobachten. Sporenbildung fehlt beiden. Die Teilform von T. Adametz ist mehr langgestreckt, die von T. Beijerinck mehr rund. T. Beijerinck ist weniger widerstandsfähig gegen hohe Temperaturen als T. Adametz. Letztere wächst bei 45° auch nur noch schwach. Schwache Säuerung der Nährsubstrate zeigte die beste Entwicklung, doch trat bei 3% Milchsäure deutliche Hemmung ein. In Milch bilden die Hefen neben Alkohol auch Säure. Sie vermögen Dextrose, Saccharose, Lactose und Galaktose zu vergären, dagegen nicht Maltose. Beide Torulaarten wurden aus Käsen isoliert. Außer dieser Art hat *Beijerinck*[2] noch eine zweite Art als *Saccharomyces kefir* beschrieben, da sie aus Kefir stammt. Sie ist ebenfalls wegen des Fehlens von Sporen als Torula anzusehen. Lactose wird vergoren, dagegen nicht Maltose. *Torula*

Aadametz und *Torula Duclaux* wurden auch von *E. Kayser*[30] nebst einer neuen, von ihm isolierten Torulaart untersucht. Nach seinen Angaben sollen sie aber auch, wenn auch mit Schwierigkeit, Maltose vergären. Wahrscheinlich hat aber hier die Maltose nicht chemisch rein vorgelegen und wird mit Dextrose verunreinigt gewesen sein. Eine weitere Lactose vergärende Torulaart isolierte *Bochicchio*[3] aus dem lombardischen Granakäse. Sie verträgt 50—60° nicht 15 Minuten lang, *legt die Milch dick und verflüssigt das Koagulum teilweise* wieder. 1—2% Milchsäure werden noch gut vertragen. Nach *Macé*[36], 1903, sind die französischen Weichkäsearten ein reicher Fundort für Milchzuckerhefen. Er hat 11 lactosevergärende Sproßpilze gefunden, von denen 10 Torulaarten waren. *Macé* schließt von der Vergärung von Würze auf Maltosevergärung. Auf diese Weise bekommt er 9 Arten, die neben der Lactose auch Maltose vergären! Seine Hefen sollen auch in alkalischen Medien besser gegoren haben als in sauren. Interessant ist eine Torulaart, die *Harrison*[20] 1903 beschreibt. Die Zellänge beträgt 7,5—10 μ. 30 Tage alte Riesenkolonien haben einen dünnen Rand und in der Mitte erhöhte Fläche. Eine Hautbildung ist auf flüssigen Nährböden nie zu beobachten. Der Pilz macht die Milch stark bitter. Aus diesem Grunde benennt sie *Harrison Torula amara*. Das Gärvermögen in Milch ist gut. 1—2% Säure werden gut vertragen.

Adametz und *Winkler*[33] isolierten 2 Arten aus Olmützer Quargelkäse, von denen eine einen gelbgrünen Farbstoff bildet. Bei der Zersetzung von Zucker soll sie CO_2, aber keinen Alkohol bilden.

Kalantariantz[29] und *Lindner*[35] isolierten 2 Arten aus *Mazun*. 2 Torulaarten wurden 1907 von *Nikolajewa*[38] aus Kefirkörnern isoliert. Eine dieser Hefen vergärt Milchzucker, Rohrzucker und Dextrose.

1910 untersucht *Dombrowski*[6] 5 Torulaarten, von denen 3 Milchzucker vergoren. Die wichtigsten Eigenschaften dieser 3 Hefen sind folgende:

Torula lactis α Dombrowski wurde aus Mazun isoliert. Ihre Zellen sind eiförmig. Die Zellgröße schwankt zwischen 7,5—3,87:5—3,10 μ. In der Tröpfchenkultur war oft Riesenzellenbildung zu beobachten. In flüssigen Nährböden ist die Hefe untergärig. In größeren Würzemengen hat sie einen staubigen Bodensatz. Sie vergärt Milch sehr lebhaft. Lactose, Dextrose, Galaktose werden vergoren, dagegen keine Maltose. Es wird Alkohol, CO_2 und wenig Säure gebildet. Im Gelatinestich beobachtete *Dombrowski* „körnerartige" Ausstülpungen. Die Riesenkolonien boten wenig Charakteristisches und waren von radiärstrahligem Typus.

Torula lactis β Dombrowski ist von unbekannter Herkunft. Die Form und Größe der Zelle ist sehr unregelmäßig. In Tröpfchenkultur beträgt die Größe 7,9—5,0:4,25—4,5 μ. In flüssigen Kulturen verhält die Hefe sich untergärig. Die Milch wird durch sie schwach bitter. Im Verhalten gegen die verschiedenen Zuckerarten stimmt sie mit Torula lactis α überein. Auch im Gelatinestich sind keine Abweichungen beobachtet. „Die Riesenkolonien haben deutliche Skulptur". Sie zeigen im Zentrum eine kraterartige Vertiefung, von der Strahlen ausgehen, die am Rande besonders tief und scharf sind.

Torula lactis γ Dombrowski stammt aus Kefir. Ihre Form ist regelmäßig und eiförmig bis kugelig. Die Größe ist ziemlich konstant und im Durchmesser 3,5 μ. In flüssigen Nährsubstraten soll sie obergärig sein. In der Vergärung der verschiedenen Zuckerarten verhält sie sich wie die beiden anderen Hefen. Auch die Riesenkolonien stimmen mit denen von Torula lactis β überein.

Eine *Kumyshefe* beschreibt *Rubinsky*[43] 1910 genauer. Diese Hefe besitzt eine ovale bis kugelige Zellform. In alten Kulturen ist sie mehr langgestreckt. *Rubinsky* sieht große Kugeln in seinen Hefen, die er besonders in alten Hefen beobachtet hat. Manchmal sind es 2 in besonders langgestreckten Zellen. Er hält sie für Zellkerne (es ist aber wohl anzunehmen, daß es nur Vakuolen gewesen sind).

Über das Sporenbildungsvermögen macht er nur vermutende Angaben. Er hat auf Gipsblöcken 6—8 Sporen zu sehen geglaubt, hält es aber nicht für ausgeschlossen, daß es etwas anderes (wahrscheinlich Fett) gewesen ist. Aus diesem Grunde halte ich auch diese Hefe für eine Torulaart, zumal die hohe Sporenzahl sehr unwahrscheinlich ist. Diese Riesenkolonien sind konzentrisch geschichtet. Die Hefe wächst in der Stichkultur perlschnurartig gekörnt. Sie zeichnet sich durch deutliche Vorliebe für höhere Temperaturen aus. In flüssiger Kultur verhält sie sich untergärig. In Milch wird das Casein nach längerer Zeit in größerem Ausmaße peptonisiert und das Fett zersetzt. Geringe Mengen von Säure wurden in Milch gebildet. *Rubinsky* nimmt an, daß die Hefe ein labartiges Enzym bildet, das das Casein der Milch ausfällt, da die Säure allein dazu nicht ausreicht.

Von *S. F. Edwards*[8] sind 1913 eine Reihe von Hefen aus *Cheddar-Käse* isoliert worden, die *das Aroma des Käses wesentlich beeinflußten*. Von den 12 Hefen vergoren nur 3 Milchzucker. Diese 3 bildeten keine Sporen. Man kann daher annehmen, daß es sich auch hier um Torulaceen handelt. Keine dieser 3 Torulaarten vergor Maltose und keine Raffinose. 2 dieser Hefen erzeugten stark heftigen Geruch in Milch, die andere den Geruch eines Behälters mit alter saurer Molke Sie leben alle im Käse noch nach Monaten. 65—70° 10 Minuten lang genügt um sie abzutöten. In Riesenkolonien ist eine dieser Arten mit Radialstrahlen, erhöhter Mitte und zerklüftetem Rand. Die beiden anderen besitzen in der Mitte eine kleine Mulde. Über die weitere Morphologie fehlen die Angaben.

O. Gratz und *K. Vas*[14] (1914) haben *aus Liptauer Käse* Hefen gezüchtet, die, da sie keine Sporen bilden, zu den Torulaceen zu rechnen sind. Die morphologischen und physiologischen Untersuchungen dieser Hefen fehlen fast vollständig. Es wurden aus 19 Käsen 12 Torulaarten isoliert. 2 dieser Hefen vergoren Milchzucker, 4 spalteten Fett, 3 spalteten Glycerin weiter. Gelatine wurde immer verflüssigt. Ob bei der Fett- und Glycerinspaltung auch die Milchzuckerhefen beteiligt sind, läßt sich aus der Arbeit nicht feststellen.

H. Will[57] beschrieb 1916 eine Reihe Torulahefen, die zum größten Teil aus *Brauereiabwässern* stammen. Von diesen Hefen vergären Nr. 17, 7, 8, 9, 1, 2, 15 und 16 Lactose und ihre Komponenten, Maltose, Raffinose und Arabinose, mit Ausnahme von Nr. 17, 6 und 10, die Raffinose nicht vergären. Diese letzten 3 Hefen greifen aber wie die übrigen die anderen erwähnten Zucker an. Auffallend ist also hier der Gegensatz zu sämtlichen bisher untersuchten Hefen, die Milchzucker vergoren und nicht in der Lage waren, Maltose zu vergären. *Will* macht selbst keine Angaben über die Zusammensetzung der Nährlösung seiner Gärversuche. Falls hier Bierwürze als Maltosequelle vorgelegen hat, könnte man annehmen, daß es sich auch hier, wie so oft, um die Vergärung der Dextrosemengen handelt, die fast in jeder sterilisierten Würze nachzuweisen sind. Eine zweite Möglichkeit ist die, daß der untersuchte Milchzucker entweder zum Teil schon gespalten oder verunreinigt war. Auch die Arabinosevergärung ist auffallend und bisher nie nachgewiesen. Es besteht natürlich die dritte Möglichkeit, daß die Hefen ursprünglich Milchzuckerhefen gewesen sind und sich langsam dem Brauwasser angepaßt haben. Aus diesem Grunde kommen aber dann die Hefen nicht als Vergleichstypen in Frage.

Ebenso wie *Gratz* und *Vas* wendet *St. Filipovic*[11] 1925 bei der Untersuchung der Schwarzenberger Backsteinkäse den gefundenen Torulahefen wenig Aufmerksamkeit zu. Er beschränkt sich darauf zu sagen: „In der Flora der Schwarzenberger Käse kommt gewissen Torulaarten gewiß eine vorbereitende Rolle zu."

A. E. Sandelin[45] untersuchte 1921 die Einwirkung einiger aus Butter isolierten Hefearten auf die Bestandteile der Milch. Alle untersuchten Hefearten waren Torulaceen im Hansenschen Sinne. Der Verfasser teilt die Hefen in 6 Gruppen ein, auf Grund ihrer physiologischen Eigenschaften. Die ersten beiden Gruppen enthalten Hefen, die den Zucker allein nicht vergären können. Die 3. Gruppe, die er als „Fettspalter und Zuckerzersetzer" bezeichnet, spalten Fett und Zucker. Die 4. Gruppe vergärt den Milchzucker und greift das Casein an, die 5. Gruppe ähnelt der 4. Die 6. vergärt nur Milchzucker in Symbiose mit Streptococcus lactis. Keiner der untersuchten Stämme greift gleichzeitig Fett, Zucker und Casein an, sondern nur eine oder höchstens 2 der angeführten Substanzen. Die Milchsäurebakterien unterstützen die Fettspaltungsfähigkeit der Hefen und bewirken dadurch leicht eine Verschlechterung der Sauerrahmbutter.

L. Horowitz-Wlassowa[25] untersucht 1925 die Kumysgärung. Er hält die gefundene Torula für den Kumys unbedingt erforderlich. Die Torulaart war rundlich, Größe 10—20 μ : 7—15 μ. Auf Gelatine bildet sie rundliche, grobkernige, glattrandige, die Gelatine nicht verflüssigende Riesenkolonien. Die Stichkultur war stecknadelartig mit rundem Köpfchen. Sie vergärt Lactose, Glucose, Saccharose, Mannit und bringt die Milch in 1—2 Tagen zur Gerinnung. Eine schwache Peptonisierung war festzustellen.

Aus dem angeführten Material ist zu ersehen, daß die Milchzucker vergärenden Torulaarten in der Milch und den Milchprodukten sehr häufig zu finden und gefunden sind. Die folgende Zusammenstellung der bisher gefundenen und mehr oder weniger eingehend beschriebenen Sporen bildenden Hefen, die Milchzucker vergären konnten, ist bedeutend kleiner.

Gattung Saccharomyces.

Grotenfelt[18] isoliert 1889 eine Hefe aus finnischer Milch, die er *Saccharomyces acidi lactici* nennt. Ihre Zellen sind elliptisch und 2,0—4,35 : 1,5—2,9 μ groß. Auf Gelatine und Agar bildet sie porzellanartige, glänzende weiße Kolonien. In Gelatinestichkulturen wurden kurze, kolbenartige Austreibungen in die Gelatine hinein beobachtet. In Milch bildet sie nur wenig Alkohol, aber viel Säure. Nach 8 Tagen wurde in 3 proz. Milchzuckerlösung 0,108 % Säure festgestellt.

Jörgensen[28] findet eine Art, *Saccharomyces fragilis*, 1898 im Kefir. Die Zellen sind klein, oval oder langgestreckt und von eigentümlicher Lichtbrechung. Die Hefe ist untergärig. Die Sporenbildung wurde nach 20 Stunden auf dem Gipsblock beobachtet. Die Sporen sind länglich rund. Das Optimum der Hefe liegt bei 30°. Sie bildet in 10 proz. Lactosehefewasser bis 4 Gewichtsprozent Alkohol.

Weigmann[52] hat 1890 eine Art in fehlerhafter Butter gefunden. 1897 finden *Orla Jensen* und *von Freudenreich*[12] eine Saccharomyces im Sauer bei der Untersuchung des Einflusses von Naturlab auf den Emmentaler Käse.

1902 isoliert *Orla Jensen*[33] bei der Untersuchung über das Ranzigwerden der Butter 2 Lactose vergärende echte Saccharomyceten, die auch Maltose vergärt haben sollen, doch fehlen Einzelheiten. *Macé*[36] fand 1903 eine *Saccharomyces* in französischem Weichkäse. Auch *Gerda Troili Petersson*[50] findet in diesem Jahre eine Saccharomyces im Käse. 1908 berichten *Weigmann, Gruber* und *Huß*[55] über eine Saccharomycesart, die sie *Sacch. Pastorianus* genannt haben, und die aus Mazun isoliert wurde. Ebenso machten *Fuhrmann*[13] und ebenfalls *Grixoni*[17] im selben Jahr über eine Saccharomyces, die sie in Sauermilch gefunden haben, Mitteilung. *W. Kuntze*[32] hat im selben Jahr eine sporenbildende Hefe aus Joghurt isoliert, die er für wichtig bei der Aromabildung hält.

Dieser Gruppe von Notizen über Saccharomyces, die in der Lage waren, Milchzucker zu vergären, folgt die Arbeit *Dombrowskis*[6] 1910, die neben den Berichten von *Grotenfelt* und *Jörgensen* sich eingehender mit diesen Pilzen beschäftigt.

Dombrowski beschreibt 2 Saccharomycesarten und eine Zygosaccharomyces neben den schon weiter oben aufgeführten Torulaarten, die den Milchzucker zu Alkohol und Kohlendioxyd zerlegen konnten.

Saccharomyces lactis α (*Dombrowski*) stammt aus bulgarischem Joghurt. Die Sporenbildung wurde nach 24 Stunden auf Gipsblöcken beobachtet. Die Sporen waren rund. Die Zahl schwankt zwischen 3 und 4 pro Zelle. Die Größe der Zellen ist unbeständig und bewegt sich zwischen 9—6—3,75:3,75—3,25—3 μ. Die Hefe ist untergärig, mit staubigem Bodensatz. Lactose, Rohrzucker und Dextrose werden vergoren, jedoch keine Maltose. Neben Alkohol und CO_2 wird in geringerer Menge Säure gebildet. Im Gelatinestich wurden körnerartige Ausstülpungen beobachtet. Die Riesenkolonien sind radiär, mit ringförmiger Schattierung.

Saccharomyces lactis β (*Dombrowski*) stammt aus einer Milchgärprobe. Sporen wurden nach 20 Stunden auf Gipsblöcken beobachtet. Die Sporenform ist wenig konstant. Es wurden elliptische, runde und nierenförmige Sporen gefunden. Die Sporenzahl variiert zwischen 1—8. Auch die Zellform ist inkonstant. Sie ist entweder eiförmig, elliptisch oder langgestreckt. Die Zellgröße schwankt zwischen 7,6—5,5—4,6—3,8:4,6—5,0 μ. Auch diese Hefe ist untergärig. Sie gärt kräftig. Der Bodensatz ist flockig. Saccharamyces lactis β bildet bis zu 7,3% Alkohol. Gegen verschiedene Zuckerarten verhält sie sich wie Saccharomyces lactis α. Die Riesenkolonien sind ziemlich hoch und mit kraterartiger Vertiefung. Radiale Runzeln sind nur an der Peripherie zu beobachten. Milchzucker vergärende Hefen mit nierenförmigen Sporen sind auch von *Henneberg*[22] des öfteren beobachtet worden, doch fehlen nähere Angaben darüber.

Von einer Hefe mit besonders hohem Temperaturmaximum berichtet *Grimmer*[16]. Diese Hefe wurde von *Schäffer* aus gezuckerter Kondensmilch isoliert. Sie wuchs noch in 60proz. Rohrzuckerlösung und wurde erst nach einstündigem Erhitzen auf 67° abgetötet.

Gattung Zygosaccharomyces.

Von dieser seltenen Hefengattung wurde bisher nur eine gefunden, die imstande war, Milchzucker zu vergären. Sie wurde von *Jensen* aus Butter isoliert und von *Dombrowski*[6] untersucht. Die Zellen kopulierten vor der Sporenbildung. Die Zellen sind rundlich und in Form und Größe konstant. Der Durchmesser beträgt im Durchschnitt 4,37 μ. Die Hefe verhält sich in flüssigen Nährmedien untergärig. Der Bodensatz ist fest zusammengeklebt. Es werden vergoren: Lactose, Saccharose, Dextrose und Galaktose, dagegen nicht Maltose. Bei der Gärung entstehen neben Alkohol und CO_2 geringe Säuremengen. In der Stichkultur sind „körnerartige" Ausstülpungen zu beobachten. Die Riesenkolonien haben im Zentrum eine kraterartige Vertiefung. Um diesen Krater ist die Kolonie dicker und bildet dann sektorähnliche Ausschnitte bis zum gekräuselten Rand.

Aus dieser Übersicht der bisher gefundenen Milchzucker vergärenden Hefen geht deutlich hervor: Die *Milchzuckerhefen sind keine in sich abgeschlossene, morphologisch einheitliche Hefenfamilie oder Gattung*, sondern umfassen sowohl Vertreter der Saccharomyceten, der Zygosaccharomyceten und der Torulaceen. *Ihre Besonderheit beruht in erster Linie in der Fähigkeit, ein den Milchzucker spaltendes Enzym zu erzeugen.* Sie liegt also auf physiologischem Gebiete. Aus diesem Grunde ist es nicht ausgeschlossen, daß auch unter den Spalthefen und den Kahmhefen, nachdem bei letzteren neuerdings Gärvermögen festgestellt ist, sich Vertreter finden lassen, die Milchzucker zu Alkohol und Kohlensäure vergären und demnach ebenfalls zu den Milchzuckerhefen zu rechnen wären. Belege dafür habe ich in keinem Fall bisher in der Literatur finden können. Neben dem Abbau des Milchzuckers ist teilweise auch Zersetzung von Milchfett und Casein beobachtet worden. Eine systematisch durchgeführte Untersuchung der Rohmilch auf Milchzucker vergärende Hefen hat bisher in größerem Umfange nicht stattgefunden.

Eigene Untersuchungen.
Methodik der Reinzucht.

Die Rohmilch, d. h. die unbehandelte Frischmilch, wie sie von der Kuh kommt, ist das Ausgangsmaterial für die Herstellung der wichtigsten Milchprodukte.

Es ist anzunehmen, daß die Hefen, die in den Milchprodukten gefunden werden, schon durch die Rohmilch in diese hineingelangen und nicht erst bei der Herstellung der Produkte infiziert werden. Die Milchgewinnung ist bei weitem geeigneter zur Infektion als die Verarbeitung, da diese fast durchweg unter Bedingungen erfolgt, die eben eine willkürliche Pilzflora ausschließen sollen. Um nun eine möglichst reichhaltige Ausbeute zu erhalten, wurde von mir die Rohmilch als Untersuchungsmaterial benutzt.

Die Rohmilch wurde aus noch nicht geöffneten Kannen zweier Kieler Sammelmolkereien entnommen und war erst wenige Stunden alt. Die Entnahme erfolgte in der Weise, daß von jedem Lieferanten nur eine Probe zur Zeit zur Untersuchung kam. Da die beiden Sammelmolkereien ihre Milch von einer Reihe verschiedener Lieferanten und auch verschiedenen Ortschaften der weiteren und engeren Umgebung Kiels erhielten, hoffte ich auf diese Weise eine möglichst verschiedene und umfangreiche Hefeflora zu finden.

Zu diesem Zweck wurden ungefähr 100 ccm einer Milch entnommen und in einen sterilen Kolben gefüllt. Darauf setzte ich der Milchprobe ungefähr 0,4 bis 0,5% Milchsäure zu, um ein Aufkommen von Sporenbildnern und anderen säureempfindlichen Organismen von vornherein nach Möglichkeit zu verhindern. Diese Methode ließ sich um so eher anwenden, als auch *Dombrowski*[6] schon für seine untersuchten Milchzuckerhefen nachgewiesen hat, daß geringe Säuremengen nicht nur das Aufkommen der Hefen nicht hemmen, sondern sogar fördern. Die angesäuerte Milch wurde dann 24 Stunden lang bei 30° in den Brutschrank gestellt. Die so angereicherte Milch zeigte nach dieser Zeit zum größten Teil schon Gasblasen, sie war in Gärung übergegangen. Jetzt wurden die aufgekommenen Organismen in Milchzuckerbouillon, wie sie das Institut anwendet, zur weiteren Anreicherung übergeimpft und wieder 24 Stunden lang bei 30° bebrütet. Aus dieser Bouillonkultur wurde das Impfmaterial für den Guß von Milchzuckeragarplatten, der in 3 verschiedenen Verdünnungen erfolgte, entnommen. Geeignete Kolonien wurden, nach zweitägiger Bebrütung bei 30°, dann mikroskopisch untersucht und, falls es Hefekolonien waren, abgeimpft und von neuem in Milchzuckerbouillon angereichert. Nachdem der Plattenguß und die Anreicherung 2 mal wiederholt waren, wurden zwecks Reinheitsprüfung Federstriche in Milchzuckerbouillon angelegt. Die Kulturen erwiesen sich dabei durchweg als rein. Nun wurden die Hefen auf Milchzuckeragarschrägröhrchen, zur Aufbewahrung, in Strichkultur geimpft. Die so erhaltenen Kulturen habe ich dann auf Milchzuckervergärung nach der Lindnerschen Kleingärmethode untersucht. Die Hefen, die hierbei ein positives Ergebnis aufweisen, wurden zur weiteren Bearbeitung aufbewahrt, und zwar in der Weise, daß aus jeder Milchprobe nur höchstens eine Kultur genommen wurde, um so die doppelte Bearbeitung eines und desselben Stammes nach Möglichkeit auszuschließen.

Es wurden insgesamt 147 nach Zeit oder Herkunft verschiedene Milchproben untersucht. In diesen Milchproben konnten in 108 Fällen hefeartige Sproßpilze isoliert werden, von denen nur 19 Milchzuckerhefen waren.

Die Zeit der Isolation erstreckte sich von Juni bis November 1926.

Tabelle 1.

	Juni	Juli	August	Sept.	Okt.	Nov.
Zahl der entnommenen Milchproben	27	25	26	26	24	19
Zah der Milchen mit Hefen	26	25	26	21	7	3
Davon Milchzuckerhefen	4	5	5	4	1	0

Aus dieser Tabelle geht eindeutig hervor:

1. Die Jahreszeit ist von großem Einfluß auf die Flora der Milch. Während in den wärmeren Monaten in fast jeder Milchprobe hefeartige Sproßpilze zu finden sind, lassen die kälteren Untersuchungsmonate ein deutliches Absteigen der Fundzahlen erkennen. Dieses Ergebnis stimmt nicht mit den von *Weigmann* und *Wolff*[56] gefundenen Resultaten überein. Bei der Untersuchung über die Flora der frischen und pasteurisierten Milch bei Weidegang und Stallfütterung kommen diese Autoren zu dem Schluß: „Stallmilch hat fast die gleichen Mikroben wie Weidemilch. Im Herbst gibt es in letzterer mehr Hefen und Mycelpilze, in ersterer ist die Sporenbildnerzahl und die der Milchsäurebakterien höher als in der Weidemilch." Nach *Weigmann* und *Wolff* sind also in der Herbstmilch mehr Hefen als in der Sommermilch. Das kann nur möglich gewesen sein, weil die Autoren die Hefekeimzahlen des Herbstes auf die allgemeinen Keimzahlen der Milch der kalten Jahreszeit, die an und für sich kleiner wegen der entwicklungshemmenden niederen Temperatur ist, bezogen haben. Das absolute Hefevorkommen bleibt aber davon unberührt. Für die Weigmann-Wolffsche Auffassung spricht andererseits wieder die Verfütterung von Rüben und Melasse, zuckerhaltiger Produkte, die als Hefestandorte und Infektionsträger in Frage kommen. Da aber auch hier keine Lactose vorliegt, andererseits aber die Milchzuckerhefen auf den Milchzucker eingestellt sind, unternahm ich bei einem mir bekannten Landwirt *Melkversuche*.

Ich wartete zu diesem Zweck den Tag ab, an dem die Kühe mit Kaliummetarseniklösung und Lysolverdünnung gewaschen waren. Vor der Melkung wurde das Euter noch mit Lysollösung gründlich abgeseift und der vordere Teil des Zitzenkanals durch Einführung eines dünnen, mit Watte umwickelten und mit Alkohol getränkten Holzstäbchens 10 Minuten lang behandelt. Das so vorbehandelte Euter wurde dann gemolken.

Bei 5 Melkversuchen konnte ich 2 mal Hefen, und zwar jedesmal Milchzuckerhefen, nachweisen. Diese Versuche lassen die Annahme berechtigt erscheinen, daß der Standort der Milchzuckerhefen vielleicht in den und um die Zitzen zu suchen ist. Es ist mir klar, daß diese 5 Versuche nicht ausreichen, um den endgültigen Beweis zu erbringen, dazu wären weitergehende Untersuchungen nötig gewesen. Ein anderer Punkt zur Stützung meiner Annahme ist der, daß sämtliche von mir untersuchten Hefen ihr Temperaturoptimum zwischen 30 und 37°, überwiegend bei 37°, also Körpertemperatur, haben. Auch dieser Punkt spricht gegen die Weigmannsche Ansicht.

Des weiteren ergibt die Tabelle:

2. Fast in jeder Milchprobe, besonders im Sommer, sind Hefen gefunden.

3. Die gefundenen Milchzuckerhefen machen nur einen geringen Teil, rund 17,6%, der gefundenen Hefen aus.

Die erhaltenen Reinkulturen wurden in der Reihenfolge, in der sie gefunden wurden, mit den Zahlen 1—19 bezeichnet. Zur weiteren Differenzierung habe ich die Hefen dann einer Reihe von Untersuchungen sowohl morphologischer als auch physiologischer Art unterworfen.

Die Untersuchungen bezweckten:

1. Ihren Charakter und somit ihre Stellung im Hansenschen System festzustellen;

2. das Verhalten der Hefen in der Milch sowie deren Bestandteilen gegenüber klarzulegen, ferner hierbei die Beeinflussung zu studieren, die sie durch solche chemische Stoffe, wie sie bei der Herstellung der verschiedenen Milchprodukte erzeugt oder zugesetzt werden, erfahren.

Allgemeiner Teil.

Nachdem schon in der Voruntersuchung bei der Sichtung des Materials durch die Milchzuckergärprobe für alle Hefen Gärvermögen nachgewiesen war, waren zur Einteilung der Hefen zuerst das Wachstum in flüssigen Nährmedien und das Vermögen, endogene Sporen zu bilden, zu untersuchen.

Zur Sporenbildung wurden sämtliche Hefen 3 Tage sowohl in saurer Würze von ungefähr 10° Bllg als auch in Milchzuckerbouillon vorgezüchtet, darauf die Nährflüssigkeit vom Bodensatz abgegossen und dieser lege artis auf den feuchten, sterilen Gipsblock getragen, die Gipsblöcke bei Zimmertemperatur hingestellt und von Tag zu Tag unter dem Mikroskop im einfachen Präparat untersucht. Die Hefestämme, die hierbei keine Sporenbildung zeigten, wurden erneut vorgezüchtet, auf Gipsblöcke gebracht und nun bei 5°, 30° und 37° gehalten. War auch hier kein Erfolg festzustellen, wurde der Versuch nach Vorzüchtung in Milch wiederholt.

Das Verhalten in flüssigen Nährmedien wurde sowohl in saurer Würze als auch in Milchzuckerbouillon bei Zimmertemperatur untersucht.

Als 3. Untersuchung erfolgte dann das Studium des Verhaltens im Federstrich, ebenfalls bei Zimmertemperatur. Hier wurde Milchzuckerbouillon als Nährsubstrat verwandt.

Tabelle 2.

Nr. der Kultur	Sporenbildung	Verhalten		Diagnose
		in flüssigen Nährböden	im Federstrich	
1	—	nach 40 Stunden schwacher Ring, Bodensatz flockig, keine Kahmhaut	sprossende Hefezellen in großen Verbänden	Torula
2	Sporenbildung. 2 bis 3 Sporen, nierenförmig	Flüssigkeit klar. Keine Haut, kein Ring. Bodensatz flockig	sprossende Hefezellen in kleinen Verbänden	Saccharomyces
3	Sporenbild. nach 48 Std. Sporen: 4 runde	Flüssigkeit klar. Kein Ring, keine Haut. Bodensatz staubig	sprossende Hefezellen in sehr kleinen Verbänden	Saccharomyces
4	—	wie 2	wie 2	Torula
5	wie 3	wie 3	wie 3	Saccharomyces
6	Sporenbildung leicht in allen Medien. Sporen: 4 und Kopulation!	wie 3	wie 3	Zygosaccharomyces
7	wie 3	wie 3	wie 3	Saccharomyces
8	wie 3	wie 3	wie 3	,,
9	wie 3	wie 3	wie 3	,,
10	wie 3	wie 3	wie 2	,,
11	wie 3	wie 2	wie 3	,,
12	wie 3	wie 3	wie 3	,,
13	wie 3	wie 3	wie 3	,,
14	wie 3	wie 3	wie 2	,,
15	—	wie 3	wie 3	Torula
16	—	wie 3	wie 3	,,
17	—	wie 3	wie 2	,,
18	—	wie 3	wie 3	,,
19	—	wie 3	wie 3	,,

Aus den in der Tab. 2 zusammengestellten Resultaten dieser 3 orientierenden Versuche ergibt sich:

1. Keine der untersuchten Hefen bildet auf flüssigen Nährböden eine Kahmhaut. *Die Gattung Willia der Saccharomyceten und Mycodermaarten sind also nicht vertreten.*

2. Da alle Hefen sprossen, kommen auch die Schizosaccharomyceten nicht in Frage.

3. Die Sporenbildung weist in 11 Fällen auf Saccharomyces hin, eine Art zeigt Kopulation vor der Sporenbildung und ist zur Gattung Zygosaccharomyces zu rechnen. Alle übrigen Arten müssen Torulaceen sein.

Außer diesen 3 Hauptfragen, die die wesentliche Grundlage zur Einreihung der Hefen klären sollten, wurden noch weitere physiologische und morphologische Merkmale zur Untersuchung herangezogen:
1. *Aussehen, Form, Größe und Inhalt der Zellen,*
2. *Bildung von Sproßverbänden und die Art der Sprossung,*
3. *die Sporenkeimung,*
4. *die Form der Sporen, ihre Größe und ihre Zahl,*
5. *das Aussehen der Riesenkolonien auf Agar- und Gelatineplatten,*
6. *das Verhalten der Hefen im Gelatinestich.*

Weiter war festzustellen:
7. *Wie verhalten sich die Hefen gegen verschiedene Zuckerarten?*
8. *Welche Stickstoffverbindungen können sie zu ihrer Ernährung verwenden?*
9. *Welchen Einfluß hat die Temperatur*
   a) *auf das Wachstum,*
   b) *auf die Gärungstätigkeit der Hefe?*

Aussehen, Form, Größe und Inhalt der Zellen sind sehr stark von äußeren Umständen und Einflüssen abhängig. Ihre Untersuchung erfolgte aus diesem Grunde im Milchzuckerfederstrich, um so die konstante Zusammensetzung des Nährsubstrats zu sichern. Die Aufbewahrung der Kulturen erfolgte bei 30° im Brutschrank. Das Studium der Bildung von Sproßverbänden und der Art der Sprossung erfolgte in demselben Präparat.

Zur Untersuchung der *Sporenkeimung* wurde folgendermaßen verfahren: Mit der Impfnadel wurde von den Gipsblöcken das Impfmaterial in sterile Milchzuckerbouillon geimpft, darauf wurden die Röhrchen gut durchgeschüttelt und sofort einige wenige Federstriche angelegt. Die Präparate wurden umgehend mikroskopisch untersucht und die Federstriche, die nur Sporen enthielten, durch einen Tuschepunkt festgehalten. Die so erhaltenen Präparate wurden dann in Zeiträumen von 2 Stunden wiederholt durchgesehen. Die Keimung der Sporen erfolgte in allen Fällen auf dem Wege der direkten Sprossung.

Ebenso wie bei der Sporenkeimung wurde bei der Bestimmung der *Form, Größe und Zahl der Sporen* das Material den Gipsblöcken entnommen, mit der Einschränkung, in beiden Fällen, daß für die Hefe Nr. 2, die nur nach 4 Wochen in Milch Sporen bildete, dieses dem Bodensatz der Milch entnommen werden mußte. Die Ausmessung der Sporengröße erfolgte nach der Zeichnung des Materials im gewöhnlichen Präparat mittels des Zeißschen Zeichenprismas bei einer 1500-fachen Vergrößerung, die vorher genau festgelegt war. Diese Methode wurde auch zur Festlegung der allgemeinen Zellgröße von mir verwandt.

Die *Riesenkolonien,* im Lindnerschen Sinne, wurden sowohl auf Milchzuckerbouillonagar als auch auf Michzuckerbouillongelatine angelegt. Die Vorzüchtung erfolgte in Milchzuckerbouillon. Der aufgeschüttelte Bodensatz wurde stets mit derselben Platinöse auf die im Kolben erstarrte Gelatine oder das Agar getragen. Die Aufbewahrung erfolgte in beiden Fällen bei Zimmertemperatur. Es zeigte sich hierbei, daß die auf Agar gepflanzten Kulturen weit besser wuchsen, als die Gelatinekulturen. Die Ausbildung charakteristischer Eigenschaften der Gelatinekulturen erfuhr auch eine Störung dadurch, daß eine Reihe der zu untersuchenden Hefen peptische Enzyme bildeten und die Gelatine auflösten. Diese Methode bot zur Differenzierung des Materials brauchbare Resultate.

Auch die *Gelatinestichkultur* wurde zur Charakterisierung herangezogen. Im Gegensatz zu *Dombrowski,* der allerdings die wegen ihres Maltosegehaltes ungünstigere Würzegelatine benutzte, habe ich mit dieser Methode gute Erfolge gehabt. Ich habe auch hierfür Milchzuckerbouillongelatine verwendet. Körnerartige Ausstülpungen, wie sie *Dombrowski* beobachtet hat, habe ich hier nicht feststellen können, es sei denn, daß *Dombrowski* die unter der Oberfläche durch die Hefen gebildeten Gasblasen, die nachher durch die Gelatine in tage- bis wochenlanger Reise nach oben stiegen, so bezeichnet. Dagegen boten das Fehlen und Vorhandensein und die Stärke der flaumfederfeinen, nadelartigen, zum Stichkanal senkrechten Auswüchse, sowie das Vorhandensein von Gelatineverflüssigungsvermögen und seine Stärke gute Differenzierungsmerkmale. Der Stich erfolgte im Reagensröhrchen mit 10 cm hoher Schicht. Die Gelatine wurde bei ungefähr 10° aufbewahrt.

Zur Klärung der Frage der *Vergärung der verschiedenen Zuckerarten* durch die Hefen wurde ihr Verhalten gegen die beiden Komponenten der Lactose, Galaktose und Dextrose, gegen Arabinose, Maltose, Saccharose und Raffinose geprüft. Zu diesem Zwecke wurden von den Monosacchariden 10proz. sterile Lösungen in Leitungswasser hergestellt und im Lindnerschen Kleingärversuch geprüft. Maltose, Saccharose und Raffinose dagegen wurden, um eine evtl. Spaltung durch die starke Erhitzung der wässerigen Lösung bei der Sterilisation auszuschließen, dem sterilen Leitungswasser unmittelbar beim Ansetzen der Gärprobe in trockener Form zugesetzt. Das Impfmaterial wurde gut entwickelten Agarkulturen entnommen. Die Gärzeit betrug 24 Stunden bei 27°. Nur dann, wenn bis zu diesem Zeitpunkt noch keine Gärung eingetreten war, erfolgte eine Verlängerung der Gärzeit um 24 Stunden. Für jeden Hefestamm wurde eine Kontrollprobe mit reinem sterilem Wasser gleichzeitig mit den Zuckerproben angesetzt zur Feststellung evtl. Glykogengärung der Hefen. Diese konnte jedoch in keinem Falle konstatiert werden. Einige Schwierigkeiten ergaben sich beim Gärversuch mit Arabinose. Dieser Zucker, der an und für sich kaum oder selten von Hefen angegriffen wird, ergab nach 24 Stunden in fast allen Versuchen, wenn auch geringe, so doch immerhin positive Resultate. Da bisher nur *Will* hierfür positive Resultate bei Milchzucker vergärenden Hefen gefunden hatte und ich zumal wegen der Geringfügigkeit der Gärung irgendeinen Fehler vermutete, untersuchte ich diese Arabinose mittels einer mir vom Institut zur Verfügung gestellten Weinhefe, deren Unvermögen, Arabinose zu vergären, festgestellt worden war. Hierbei zeigte sich dieselbe Erscheinung wie bei meinen Milchzuckerhefen. Die Arabinose mußte also nicht rein sein. Nun wurde die 10proz. Arabinoselösung einer dreitägigen Behandlung durch die Weinhefe unterzogen, um auf biologischem Wege die vergärfähige Verunreinigung zu entfernen. Darauf wurde die Lösung zur Abtötung der Weinhefe kurz aufgekocht und zu erneuter Gärprobe verwandt. Jetzt verliefen alle Versuche eindeutig negativ.

Vielleicht hat auch die Willsche, eingangs erwähnte Arabinosevergärung nur auf Verunreinigung beruht. Aus der Arbeit läßt sich dieses nicht feststellen, da *Will* keine Angaben über die Versuchstechnik macht.

Die Resultate dieser Versuchsreihe lassen sich kurz folgendermaßen zusammenfassen:

1. *Alle Lactose vergärenden Hefen meiner Untersuchungen sind imstande, auch die Komponenten der Lactose zu vergären.*

2. *Keine meiner Lactosehefen vergärt Maltose.*

3. *Alle Hefen vergären Saccharose.*

Diese drei Tatsachen hat auch *Dombrowski* feststellen können. Sie lassen sich daher mit ziemlicher Wahrscheinlichkeit für alle Lactosehefen überhaupt voraussagen.

4. *Keine der untersuchten Hefen vergärt die Pentose Arabinose.*
5. *Alle Hefen vergären Raffinose.* Da sie in flüssigen Nährböden ausnahmslos untergärig sind, stimmen sie in diesem Punkte mit den untergärigen Wein- und Bierhefen überein.

Dombrowski beobachtete, daß seine Hefen in künstlichen Nährlösungen, denen er einmal Pepton, das andere Mal Asparagin als Stickstoffquelle zugesetzt hatte, eine ganz verschiedene Entwicklung zeigten.

Auch *Hess*[24] und *Pringsheim*[43] berichten von einer Beeinflussung der physiologischen Eigenschaften der Hefe durch die Art der Stickstoffernährung.

Aus diesem Grunde untersuchte ich den *Einfluß verschiedener Stickstoffquellen* auf die Hefen. Der Grad der Beeinflussung wurde durch Messen und Vergleichen des Wachstums in Riesenkolonien der Hefe auf Agarplatten, denen die Stickstoffquelle zugesetzt war, festgestellt. Der Agar setzte sich wie folgt zusammen:

Dikaliumphosphat	1,0
Magnesiumsulfat	0,5
Dextrose	100,0
Milchsäure	2,0
Agar	10,0
Wasser	bis 1 l

dazu entweder 1% Pepton, Asparagin, Acetamid, Ammoniumsulfat oder Kaliumnitrat.

Dieses Agar wurde zu je 7 ccm sterilisiert in Erlemeyer-Kolben von 100 ccm Fassungsvermögen gefüllt. Nachdem das Kondenswasser des Agars verdunstet war, wurde auf die erstarrte Fläche je ein Tropfen mit wenig Flüssigkeit aufgerüttelten Bodensatzes einer Vorzüchtung der betreffenden Hefe in Milchzuckerbouillon mit stets ein und derselben sterilen Impföse aufgetragen. Von jeder Hefe

Tabelle 3.

Hefe Nr.	Pepton	Asparagin	Ammonsulfat	Kaliumnitrat	Acetamid
1	5	4	2	1	3
2	5	4	3	2	1
3	5	4	3	0	1
4	5	4	3	1	2
5	5	4	2	3	1
6	5	4	2	3	0
7	5	4	3	2	1
8	5	4	2	3	1
9	5	4	3	2	1
10	5	4	2	3	1
11	5	4	2	3	1
12	5	4	1	3	2
13	5	4	0	3	2
14	5	4	3	2	1
15	5	4	2	3	1
16	5	4	1	3	2
17	5	2	1	4	3
18	5	4	1	3	2
19	5	4	2	3	1
Durchschnitt	5	3,9	2	2,5	1,4

und jedem Stickstoffagar wurde eine 2. Kolonie in einem neuen Kolben angelegt, um etwaige Fehler, die sich durch mehr oder weniger große Zahl der Saatzellen ergaben, zu regulieren. Sämtliche Kolonien wurden dann 3 Wochen bei Zimmertemperatur hingestellt.

Die in den Stickstoffspalten stehenden Zahlen bezeichnen die Ordnung in der Wachstumsgröße der Kolonien, wobei ,,1" das geringste und ,,5" das größte Wachstum darstellt. Bei ,,0" hat sich keine Riesenkolonie entwickeln können.

Am günstigsten erwies sich für das Wachstum aller Hefen der Peptonstickstoff. Die Peptonkolonien waren allen anderen um ein Mehrfaches an Größe überlegen. In zweiter Linie folgt dann das Asparagin, das schon bedeutend weniger günstig ist. Am ungünstigsten erwiesen sich Ammoniumsulfat und Acetamid.

In den letzten 3 Gruppen sind wesentliche, vom Durchschnitt abweichende Wachstumsschwankungen festzustellen, die man zur Differenzierung der einzelnen Stämme heranziehen kann.

Wie auch schon *Dombrowski* in seiner Untersuchung über die Beeinflussung der Lactosehefen durch verschiedene Stickstoffquellen gefunden hat, ist im Gegensatz zu den von *Hess*[24] untersuchten Bierhefen *Saaz*, *Frohberg* und *Logos* eine deutliche Bevorzugung höherer Abbauprodukte des Eiweißes der Milchzucker vergärenden Hefen festzustellen. Auch hierin läßt sich eine Bestätigung meiner Ansicht, daß die Lactosehefen ihren typischen Standort in der Milch selbst haben, feststellen. Der große Eiweißreichtum der Milch bietet den Eiweiß zersetzenden Bakterien aller Art eine leicht zugängliche Nahrungsquelle. Die höheren Produkte dieser Zersetzung, Peptone, findet dann die Hefe vor, falls sie nicht selbst am Caseinabbau beteiligt ist. Zur Klärung dieser letzten Frage habe ich Untersuchungen angestellt, auf die im speziellen Teil näher eingegangen wird.

Einer der wichtigsten Punkte der Identifizierung und Differenzierung von Hefen ist die Feststellung der 3 Kardinaltemperaturen, des *Minimum, Optimum und des Maximum*.

Ich habe mich mit den Untersuchungen des Wärmeeinflusses nach 2 Richtungen beschäftigt. Die 1. Frage war: Welchen Einfluß hat die Temperatur auf die Entwicklung und das Wachstum der Hefe? Die Aufwerfung dieser Frage geschah außer der oben angeführten Wichtigkeit noch aus einem anderen Grunde. Sie hat eine gewisse Bedeutung für die milchwirtschaftliche Praxis. Unterbindet die Tiefkühlung der Rohmilch die Entwicklung der Hefen? Welchen Einfluß hat die Nachwärmung des Käsebruches auf die hineingelangten Milchzuckerhefen? Reicht die Dauererhitzung der Milch aus, die Hefen abzutöten? Diese 3 Fragen der Praxis sollte die Untersuchung ebenfalls klären. Zu diesem Zwecke wurden Strichkulturen auf Milchzuckerbouillonagarschrägröhrchen angelegt und Temperaturen von 0—2, 10—12, 15—18, 27, 30, 37, 45, 50 und 60° 4 Tage lang ausgesetzt.

Ferner wurde eine Reihe von flüssigen Kulturen in Milchzuckerbouillon $1/2$ Stunde in einem Wasserbad von 60° gehalten und dann 2 Tage lang bei 30°

bebrütet. Aus diesen flüssigen Kulturen wurde dann das Impfmaterial für einen Plattenguß aus Milchzuckerbouillonagar genommen. Das Wachstum der Kulturen von 0—50° wurde verglichen und die Kulturen, die keine Entwicklung zeigten, noch einige Tage bei Zimmertemperatur gehalten.

Tabelle 4.

Hefe Nr.	Brutzeit: 4 Tage bei							
	0—2°	10—12°	15—18°	27°	30°	37°	45°	50°	60°
1	—	+	+	++	++	+++	—!	—	—
2	—	+	+	++	++	+++	++	—	—
3	—	+	+	++	++	+++	++	—	—
4	—	+	+	++	++	+++	++	—	—
5	—	+	+	++	+++	++	++	—	—
6	—	+	+	++	+++	(+)!	—	—	—
7	—	+	+	++	++	+++	—+	—	—
8	—	+	+	+++	+++	++	+	—	—
9	(+)	+	+	++	+++	++	+	—	—
10	—	+	+	++	+++	++	+	—	—
11	—	+	+	+	++	+++	++	—	—
12	(+)	+	+	+	+	+++	++	—	—
13	(+)	+	+	+	++	+++	++	—	—
14	—	—!	+	+	+++	++	—!	—	—
15	(+)	+	+	+	++	+++	++	—	—
16	(+)	+	+	+	+	+++	—!	—	—
17	—	+	+	+	+++	++	—!	—	—
18	—	+	+	+	++	+++	++	—	—
19	—	+	+	++	++	+++	+	—	—

Zu vorstehender Tabelle ist folgendes zu bemerken:

1. Die bei niederen Temperaturen nicht entwickelten Kulturen zeigten später bei Zimmertemperatur gute Entwicklung. Die Kulturen waren also nur gehemmt, nicht abgetötet.

2. Bei den Kulturen, die zwischen 45 und 60° keine Entwicklung zeigten, war auch nach 2 Tagen bei Zimmertemperatur kein Wachstum mehr festzustellen. Diese Temperaturen hatten also zur Abtötung der Kulturen ausgereicht.

3. Bei 50° zeigte sich in keinem Falle Wachstum mehr. Der Versuch einer halbstündigen Erhitzung der flüssigen Kulturen auf 60° reichte aus, alle Hefen abzutöten, da in keiner Platte sich Hefekolonien entwickeln konnten.

Auf Grund der Resultate lassen sich die drei für die Praxis wichtigen Fragen folgendermaßen beantworten:

Die Tiefkühlung der Milch behindert die Hefen zwar in ihrer Entwicklung erheblich, doch wird ein vollständiges Wachstum nicht ausgeschlossen.

Die Dauererhitzung der Milch, d. h.: die Erhitzung der Milch auf 63—65° 30 Min. lang, reicht aus, alle vorliegenden Hefen zu töten.

Sie wird wohl in bezug auf die Hefen in der Praxis immer ausreichen, wenn es auch Ausnahmen, wie die in der Literaturübersicht erwähnte Hefe von *Schäffer*[16], die erst nach 1 stündigem Erhitzen auf 67° abgetötet wurde, gibt.

Das Nachwärmen des Käsebruchs, das bei der Herstellung einer Reihe von Hartkäsen erfolgt, *Schäfer-Teichert*[46] gibt dafür folgende Temperaturen an:

     Emmentaler Käse . . . . . . 55° (nach *Schaffer*[47] 52,5—60°)
     Edamer Käse . . . . 37—40°
     Tilsiter Käse . . . . 40—50°
Schaffer[47] noch folgende:
     Gragarzer Käse . . . . 45—65°
     Spalen-Käse . . . . 50—60°

ist in den Fällen, wo die Temperaturen von 50° überschritten wird, dazu angetan, die Hefen abzutöten oder doch weitestgehend zu hemmen.

Die Temperatur-Kardinalpunkte lassen sich auf Grund der Resultate wie folgt bestimmen:

Tabelle 5.

Hefe Nr.	Minimum	Optimum	Maximum
1	< 10° > 5°	37°	> 40° < 45°
2	10°	37°	> 45°
3	10°	37°	> 45°
4	10°	37°	> 45°
5	10°	30°	> 45°
6	10°	30°	37°
7	10°	37°	> 45°
8	10°	27—30°	45°
9	5°	30°	45°
10	> 5° < 10°	30°	45°
11	10°	37°	> 45°
12	2—5°	37°	> 45°
13	2—5°	37°	> 45°
14	12—15°	30°	40°
15	2—5°	37°	> 45°
16	2°	37°	> 37° < 45°
17	10°	30°	> 37° < 45°
18	10°	37°	> 45°
19	10°	37°	45°

Die zweite Frage des Temperatureinflusses lautete: Wie wird der Gärungsverlauf durch die Temperatur verändert?

Zur Prüfung dieser Frage wurden je 100 ccm sterile Milch in Kolben aus den Hefen beimpft und bei Zimmertemperatur, 30, 37 und 45° Wärme aufgestellt.

Die Gärtätigkeit wurde durch Wägung des Gärverlustes, also der Kohlendioxydproduktion, festgestellt und etwaige Verdunstungsverluste durch Wägung eines unbeimpften Kontrollkolbens in jeder Reihe reguliert. Es ließen sich bei der Vergärung durchweg 2 Phasen unterscheiden: die Hauptgärung, die über nur wenige Tage geht, und die Nachgärung, die über einen Monat andauert.

Bei Zimmertemperatur war die Gärung allgemein langsam. Die nur allmählich auf- und absteigende Gärungsintensität läßt nicht eine so deutliche Trennung einer Haupt- und Nachgärung unterscheiden, wie dies bei den höheren Temperaturen von 30, 37 und 45°, soweit nicht schon 45°, wie bei den Hefen Nr. 1, 6, 14, 16 und 17, wo hier keine Gärung mehr festzustellen war, über dem Gärungsmaximum lag, der Fall war. Für den Verlauf der Hauptgärung, d. h. des Gärungsabschnittes, dessen starke Intensität ihn von dem Gärungsrest deutlich abtrennt, läßt sich sagen: Je höher die Temperatur, desto kürzer die Hauptgärung. Während sie bei Zimmertemperatur mit dem Auf- und Abklingen ungefähr 18 Tage gebrauchte, sind es bei 30° durchschnittlich 8 und bei 37° nur 5 Tage. Bei 45° dauert sie in manchen Fällen nur 2—3 Tage.

Die Nachgärung war bei 37°, teilweise bei 30°, also Temperaturen, die dem Entwicklungsoptimum entsprachen, am intensivsten.

Spezieller Teil.

Die Aufgabe dieses Teiles meiner Untersuchungen war es, das Verhalten der Milchzuckerhefen gegenüber der Milch und ihren Bestandteilen sowie gegenüber den chemischen Stoffen, wie sie bei der Verarbeitung der Milch zu den verschiedensten Produkten entstehen oder zugesetzt werden, festzustellen.

Ich greife einige, schon zum Teil in der Literaturübersicht gegebene Berichte über die Veränderung der Milch und ihrer Produkte heraus.

Nach *Grotenfelt*[18] bringt eine Hefe die Milch durch Säurebildung zur Gerinnung. *Harrison*[20] berichtet, daß eine Torula die Milch bitter macht. Für eine Geschmacksveränderung resp. Aromabildung im angenehmen Sinne zeugen alle Kefir- und Mazunhefen. *Russel* und *Hastings*[45], ebenso *Bochicchio*[3] berichten von Käseblähungen durch Milchzuckerhefen. *Rogers*[42], weiter *Weigmann*, *Gruber* und *Huß*[55] stellten eine Fettspaltung von Butterfett durch Milchzuckerhefen fest. Eine Peptonisierung des Caseins teilen *Rubinsky*[43] und *Sandelin*[45] mit. Von schlechtem Geruch des Käses, der durch Lactosehefen erzeugt wird, schreibt *Edwards*[8].

Die Veränderungen, die durch die Hefen erzeugt werden, sind also vielseitiger Art. Infolge der Zersetzung der drei Hauptbestandteile Milchzucker, Casein und Butterfett kann die Milch so verändert werden, daß die Erscheinungen dieser Zersetzung durch Riechen, Sehen und Schmecken wahrnehmbar sind. Eine Erörterung der praktischen Bedeutung dieser Tatsachen erübrigt sich an dieser Stelle.

Die ersten Untersuchungen dieses Teils meiner Arbeit erstreckten sich demgemäß auf die *Veränderungen des Aussehens, Geruchs und Geschmacks*, die in Milch durch meine Hefestämme erzeugt werden.

Zu diesem Zwecke wurden 100 ccm Milch im Erlemeyer-Kolben von 200 ccm Inhalt mit den Hefen beimpft und 24 Tage bei 30° in den Brutschrank gestellt. Ebenso wurde ein Kontrollmilchkolben, der nicht beimpft wurde, behandelt. Die Prüfung erfolgte auf äußerliche Veränderungen, Geruch und Geschmack. Die Kontrolle war nach 24 Tagen normal.

Tabelle 6.

Hefe Nr.	Aussehen	Geruch	Geschmack
1	unverändert	hefig	säuerlich, hefig, schwach bitter
2	,,	angenehm aromatisch	säuerlich, hefig
3	,,	desgl.	desgl.
4	,,	angenehm, sehr schwach	säuerlich, milde, sehr schwach hefig
5	dickgelegt	stark hefig	herbe hefig, schwach sauer
6	unverändert	schwach hefig	bitter!
7	,,	schwach alkoholisch	stark alkoholisch, säuerlich
8	,,	hefig, säuerlich	alkoholisch, säuerlich
9	dickgelegt	hefig, rein sauer	hefig, nicht sauer, schwach alkoholisch
10	,,	hefig, säuerlich	sauer, bitterlich
11	,,	hefig	sauer, bitterlich, hefig
12	,,	säuerlich	bitter!
13	unverändert	hefig, apfelartig	sauer, hefig
14	dickgelegt	desgl.	unangenehm, sauer, bitter, käsig
15	,,	hefig, säuerlich	sauer, hefig
16	,,	hefig, apfelartig	stark bitter!
17	,,	hefig, schwach apfelartig	desgl.
18	,,	hefig	säuerlich
19	,,	hefig, schwach apfelartig	angenehm, schwachsäuerlich

Zur Prüfung von Geruch und Geschmack wurden zur Kontrolle 2 Zeugen herangezogen, um eine Voreingenommenheit meinerseits bei dieser Untersuchung möglichst auszuschließen und eine objektive Beobachtung zu gewährleisten.

Das *Aussehen* der Milch wurde durch die Mehrzahl der untersuchten Hefen wesentlich verändert. Die Veränderung beruht in der Hauptsache in der Fällung des Caseins, der Dicklegung der Milch. In allen diesen Fällen war auch eine Bräunung der abgeschiedenen Molke, verglichen mit der Farbe der Molke, wie sie durch Lab- oder Säurefällung entsteht, zu verzeichnen.

Diese Dicklegung und Bräunung ist natürlich als eine bemerkenswerte Beeinträchtigung des Handelswertes der Milch anzusprechen.

Keine mit dem bloßen Auge feststellbaren Veränderungen waren bei Hefe Nr. 1, 2, 3, 4, 6, 7, 8 und 13 zu beobachten.

Auch der *Geruch der Milch* wird wesentlich beeinflußt, doch ist die Veränderung meistens nicht direkt als unangenehm zu bezeichnen.

Dagegen sind die *Geschmacksveränderungen* bedeutend. In einer Reihe von Proben war das von *Harrison*[18] festgestellte Bitterwerden der Milch mehr oder weniger stark festzustellen. Andere Geschmacksveränderungen waren sauer, hefiger und alkoholischer Art.

Im großen und ganzen läßt sich sagen: Der Geschmack der Milch wird durch die Milchzuckerhefen in unerwünschtem Sinne beeinflußt. Eine Gattungs- oder Familieneigentümlichkeit, in systematischem Sinne, der Aromabildung war nicht zu konstatieren, sondern es ändert sich diese Eigenschaft von Stamm zu Stamm.

Die Veränderung im Aussehen der Milch, die sich zur Hauptsache in der Dicklegung zeigt, lassen zwei Ursachen vermuten. Entweder ist sie enzymatisch durch von der Hefe gebildetes Labferment oder chemisch durch die bei der Gärung entstehenden Säuren hervorgerufen. Natürlich kommt als 3. Fall die Zusammenwirkung dieser beiden Faktoren in Frage.

Die Menge der Milchsäure, welche nötig ist, um die Gerinnung in die Erscheinung treten zu lassen, ist je nach dem Gehalt der Milch an Casein und phosphorsauren Salzen, die zum Teil zur Neutralisierung von Säure dienen können, verschieden.

Nach *Weigmann*[54] ist die zur Gerinnung der Milch benötigte Menge Milchsäure aber auch verschieden je nach der Temperatur: bei höherer Temperatur genügt eine geringere Menge Säure zur Ausfällung des Caseins als bei niedrigerer. Nach *Orla Jensen* bedarf es bei 18° der Menge von 0,6% (Gesamtsäure als Milchsäure berechnet), bei 30° der von 0,5%, bei 40° der von 0,25% und bei 100° der von 0,1%.

Da die vergorenen Milchproben fast durchweg sauer oder säuerlich schmeckten, war zur Klärung der Frage Säure- oder Labfällung zuerst die Stärke der *Säuerung der Milch durch die Hefen* festzustellen. Diese Feststellung erfolgte in der Weise, daß die wie im vorhergehenden Versuch vergorene Milch auf ihren Säuregehalt untersucht wurde.

100 ccm Milch wurden gegen $n/_{10}$-Kalilauge mit Phenolphthalein als Indicator titriert. Da nun sterile Milch schon Eigensäure hat oder entstehen läßt, war diese von der Gesamtsäure zur Ermittlung der Gärungssäure abzuziehen. Die Untersuchung erfolgte bei allen Hefen gleichzeitig und für alle Stämme wurde genau die gleiche Magermilch verwandt. Auf diese Weise wurden die Fehler, die eine verschiedene Zusammensetzung verschiedener Milchen mit sich bringen konnte, ausgemerzt. Durch die verschiedenen Zusammensetzungen der Milchen sind auch die Abweichungen der Dicklegung in verschiedenen späteren Versuchen für einzelne Stämme zu erklären. Vor jeder Titration wurde die Milch gut durchgeschüttelt, um vorhandene Kohlensäure möglichst zu entfernen.

Aus der nachstehenden Tab. Nr. 7 ist zu ersehen:

1. Der Betrag der gesamten, nach 24 tägiger Gärung vorhandenen Säure bewegt sich zwischen 0,26 und 0,39%. Da hierdurch in keinem Falle die von *Orla Jensen* verlangten 0,5% für 30° erreicht werden, andererseits die bei nicht dickgelegten Milchen dieses Versuchs erzeugten Säuremengen meistens ebenso hoch sind, oftmals höher als die dickgelegten Milchen, ergibt sich, daß an der Caseinfällung unbedingt noch

Tabelle 7.

Hefe Nr.	Gesamt $n/_{10}$-KOH ccm	Davon ab Kontrolle 19,0	Errechnete Gesamtsäure*	Errechnete Gärungssäure*
Kontrolle	19,0	0,0	0,171	—
1	37,0	18,0	0,33	0,16
2	35,0	16,0	0,32	0,15
3	29,0	10,0	0,26	0,10
4	32,0	13,0	0,28	0,11
5	30,5	11,5	0,28	0,10
6	36,0	17,0	0,32	0,15
7	34,5	15,5	0,31	0,14
8	31,0	12,0	0,28	0,11
9	31,0	12,0	0,28	0,11
10	32,0	13,0	0,28	0,11
11	34,5	15,5	0,31	0,14
12	33,0	14,0	0,30	0,13
13	32,5	13,5	0,30	0,12
14	40,0	21,0	0,36	0,19
15	40,0	21,0	0,36	0,19
16	43,0	24,0	0,39	0,22
17	40,0	21,0	0,36	0,19
18	34,5	15,0	0,31	0,14
19	38,5	19,5	0,35	0,18

* Als Prozent Milchsäure zu lesen.

ein zweiter Faktor weitestgehend beteiligt ist. Dieser Faktor kann nur das Labenzym sein.

2. Die Gärungssäure, d. h. die Säure, die während der Gärzeit durch die Hefe erzeugt wird, bildet etwa die Hälfte der Gesamtsäure. Sie betrug 0,1 mindestens und höchstens 0,22% der vergorenen Milch.

Im Anschluß an diese Untersuchungen über die Säurebildung der Hefen überhaupt, ist es von Interesse, festzustellen, ob die entstandene Säure nur aus Milchsäure und Brenztraubensäure besteht oder ob noch neben Milchsäure oder Brenztraubensäure *flüchtige Säuren* entstehen, die auf eine Aromabildung evtl. einen bestimmenden Einfluß haben könnten.

Zum Studium dieses Punktes wurde Milch in genau derselben Weise wie im vorhergehenden Versuch vergoren. Eine kleine Abweichung wurde nur in der Dauer der Versuchszeit vorgenommen. Die Gärzeit betrug hier 14 Tage. Da zur Bestimmung der flüchtigen Säuren doch Destillationen vorgenommen werden mußten, wurde dieser Versuch gleichzeitig zur Bestimmung des gegorenen Alkohols benutzt. Die vergorene Milch, 100 ccm, wurde mit 50 ccm Wasser verdünnt und dann daraus 100 ccm abdestilliert. Darauf wurde nach vorgeschriebener Abkühlung des Destillats mittels der Tralles-Spindeln der Alkohol-Prozentgehalt bestimmt. Dann wurde das Destillat auf flüchtige Säuren durch Titration mit $n/_{10}$-Kalilauge und Phenolphthalein als Indicator bestimmt. Geringe Fehler entstehen bei dieser Alkoholbestimmung durch das spezifische Gewicht wegen der gleichzeitig vorhandenen flüchtigen Säuren. Zur Ermittlung der Fehlergrenze wurde eine Reihe titrierter Destillate erneut der Verdampfung unterworfen und gespindelt. Dabei ergab sich, daß die Differenz so minimal ist, daß sie praktisch nicht berücksichtigt zu werden braucht.

Diesem Versuch wurde ein zweiter angegliedert, der in der Anordnung einige Abänderungen aufwies:

Die Gärzeit betrug hier 38 Tage, und durch Zusatz von 6% Milchzucker war der Lactosegehalt der Milch auf mindestens 10% gesteigert. Dieser Versuch sollte Auskunft über die Veränderung der Alkoholbildung und Bildung flüchtiger Säuren durch höheren Zuckergehalt und längere Gärdauer geben. Die Bestimmung des Alkoholgehaltes und der flüchtigen Säuren erfolgte in derselben Weise wie beim Versuch mit der gewöhnlichen Magermilch.

Tabelle 8.

Hefe Nr.	Alkoholbildung bei		Bildung flüchtiger Säuren bei	
	14 Tagen und 4—5%	38 Tagen und 10%	14 Tagen und 4—5%	38 Tagen und 10%
1	1,60%	2,90%	0,70 ccm	0,80 ccm
2	1,80%	3,10%	1,20 ,,	1,30 ,,
3	2,00%!	3,10%	0,10 ,,	1,20 ,,
4	1,80%	3,00%	0,80 ,,	1,80 ,,
5	1,35%	3,30%	0,60 ,,	1,55 ,,
6	1,25%!	2,70%!	0,90 ,,	0,90 ,,
7	1,45%	3,30%	0,95 ,,	1,60 ,,
8	1,85%	3,10%	1,10 ,,	2,00 ,,
9	1,80%	3,45%	0,80 ,,	1,10 ,,
10	1,90%	3,30%	0,80 ,,	1,30 ,,
11	1,70%	3,00%	0,80 ,,	2,00 ,,
12	1,95%	3,30%	0,60 ,,	2,00 ,,
13	1,50%	2,90%	0,40 ,,	2,15 ,,
14	1,35%	3,30%	0,50 ,,	2,00 ,,
15	1,70%	3,20%	0,40 ,,	2,90 ,,
16	1,35%	3,30%	0,50 ,,	2,10 ,,
17	1,75%	3,00%	0,60 ,,	2,00 ,,
18	1,76%	3,50%!	0,65 ,,	2,10 ,,
19	1,55%	3,20%	0,60 ,,	2,00 ,,
			$n/_{10}$-KOH	$n/_{10}$-KOH

Die Bestimmung des Alkohols mittels der Trallesschen Spindeln wurde, zum Unterschied von *Dombrowski*, der den Gärverlust, also die CO_2-Produktion, bei der Berechnung des Alkoholgehaltes zugrunde legte, deswegen angewandt, weil die lange Dauer des schleppenden Gärverlaufs natürlich immer Verdunstungsverluste mit sich bringt, die dann, voll als Alkohol berechnet, große Fehler erzeugen und die Resultate in die Höhe treiben. Dagegen beträgt der verdunstete Alkohol bei der direkten Alkoholbestimmung mittels des spezifischen Gewichts nur wenig, da er ja immer prozentual zur Menge der verdunsteten Flüssigkeit bleibt. Aus diesem Grunde sind auch wohl die niedrigeren Resultate meiner Untersuchungen, verglichen mit denen, die *Dombrowski* bei der Vergärung 10proz. Lactosehefelösungen erhielt, zum Teil zu erklären. *Dombrowski* gibt dafür folgende Werte an:

Saccharomyces lactis α (D.) = 3,2% Alkohol
Saccharomyces lactis β (D.) = 4,5% ,,
Zygosaccharomyces lactis (D.) = 4,1% ,,
Torula lactis α (D.)   = 3,7% ,,
Torula lactis β (D.)   = 4,2% ,,
Torula lactis γ (D.)   = 4,2% ,,

Dombrowskis Grenzen der Alkoholbildung aus Lactose liegen also zwischen 3,2 und 4,5%. Meine Versuche, Tab. Nr. 8, weisen Werte zwischen 2,7 und 3,5% auf. Legt man nun 10% Milchzucker theoretisch eine Alkoholbildungsmöglichkeit von ungefähr 5% Alkohol zugrunde, so ergibt sich: Die Milchzucker vergärenden Hefen sind nicht imstande, den Zucker in 10proz. Lactoselösungen voll zur Vergärung auszunutzen. Bei einem Alkoholgehalt von 3—4% hört die Gärung in Lactoselösungen auf.

Bei der Vergärung von gewöhnlicher, steriler Milch wurde die Grenzmöglichkeit der Alkoholbildung, wenn man als Minimum 4% Milchzucker annimmt, in den meisten Fällen erreicht. Die Grenzwerte sind hier 1,25 und 2% Alkohol.

Alle Milchzuckerhefen bilden bei der Gärung in Milch flüchtige Säuren. Es lassen sich hierbei nach den Ergebnissen der Tab. Nr. 8 2 Gruppen zusammenfassen:

Die 1. Gruppe enthält solche Hefen, die schon bei 4—5% Zucker und 14tägiger Gärzeit das Maximum der Bildung erreicht haben und bei größerem Zuckergehalt und längerer Gärdauer keine oder nur geringe Veränderung der Bildung flüchtiger Säure zeigen. Zu dieser Gruppe gehören die Hefen Nr. 1, 2 und 6, Hefen, die auch morphologisch sich von den übrigen wesentlich unterscheiden.

Die 2. Gruppe zeigt bei längerer Gärdauer und größerer Zuckerkonzentration auch eine gesteigerte Tätigkeit bei der Bildung flüchtiger Säuren.

Die Grenzwerte der Bildung flüchtiger Säuren der 10% Milchzucker haltigen Milch sind durch 0,8 und 2,9 ccm $^n/_{10}$-Normalkalilauge abzusättigen.

Wie weiter oben schon festgestellt, genügen die durch die Hefe erzeugten Säuremengen nicht, die Milch dickzulegen, sondern die Hefe erzeugt noch ein Enzym, das die Caseinfällung zusammen mit der Säure bewirkt. Dieser *Lab*produktion muß ein bestimmter Zweck zugrunde liegen. *Dombrowski*[6], *Rubinsky*[43] und *Sandelin*[45] haben eine „Peptonisation", d. h. eine Auflösung des gefällten Caseins in der Milch zu einer klaren Lösung beobachten können. Da die von mir untersuchten Hefen alle untergärig sind und schon nach wenigen Tagen fest am Boden des Gärgefäßes haften, hat die Hefe einen großen Vorteil davon, wenn ihr das Casein näher gebracht wird, was natürlich durch die Ausfällung und den Niederschlag in zweckmäßiger Weise geschieht. Ein Punkt, der diese Annahme unterstützt, ist die Beobachtung sowohl *Rubinskys*[43] als auch *Dombrowskis*[6], daß die Peptonisation durch die Hefe von unten herauf erfolgt. *Huesmann*[26] fand bei der Untersuchung einiger Mycodermaarten, daß das Caseinabbauvermögen dieser

Hefen sehr durch Dextrosezusatz zur Milch beeinflußt wird. Er beobachtete bei einer Hefe, die vorher kein Casein abbauen konnte, daß nach Traubenzuckerzusatz der Abbau eintrat. Bei einer anderen Kahmhefe stellt er eine deutliche Abbauhemmung durch diesen Zucker fest. Weiter ist es eine bekannte Tatsache, daß Milchsäurebakterien durch Peptonzusatz im Caseinabbau gefördert werden. Diese beiden Punkte ließen es angebracht erscheinen, den Einfluß von Pepton und Dextrose auf die Caseinfällung der Hefen zu studieren.

Die Methodik dieser Versuchsreihe war folgende:

Es wurden 4 Paralleluntersuchungen angestellt, in Magermilch, in Magermilch mit 5% Dextrose, in Magermilch mit 1% Pepton und in Magermilch mit sowohl 1% Pepton als auch 5% Dextrose. Die Lösungen dieser Substanzen in Magermilch wurden in Röhrchen mit 10 ccm dieser Gärflüssigkeiten sterilisiert und einige Tage bei 37° hingestellt. Die dann beimpften Röhrchen wurden bei 30° gehalten und täglich auf Dicklegung untersucht. Dickgelegte Milchen wurden dann auf Säure mit $n/_{10}$-KOH und Phenolphthalein als Indicator titriert. Die Bräunung der dextrosehaltigen Milchen im Verlauf der Gärung brachte es mit sich, daß die Proben in diesen Fällen etwas übertitriert werden mußten, da eine nur schwache Rötung des Indicators wegen der Bräunung nicht bei der Titration feststellbar war. Die Werte dieser Titration gebe ich so an, wie sie gefunden wurden; sie sind also um eine Kleinigkeit zu reduzieren. Die Kontrollen der Dextroseversuche waren nicht gebräunt.

Die in der Tab. Nr. 9 mit + in der Peptonreihe bezeichneten Proben zeigten Peptonisation und wurden auf Peptonbildung untersucht. Eine Säurebestimmung erfolgte aus diesem Grunde nicht. Die Peptonisation

Tabelle 9.

Hefe Nr.	Magermilch		Dextrosemilch		Peptonmilch		Peptondextrosemilch	
	dick nach ? Tagen	$n/_{10}$-KOH ccm	dick nach ? Tagen	$n/_{10}$-KOH ccm	dick nach ? Tagen	$n/_{10}$-KOH ccm	dick nach ? Tagen	$n/_{10}$-KOH ccm
Kontrolle	—	2,1	—	2,2	?	+	—	2,7
1	25	3,7	8	2,6	17	2,7	11	5,0
2	—	2,3	12	4,2	—	3,5	6	4,2
3	—	3,0	12	4,3	—	4,0	21	4,7
4	20	2,6	10	3,9	22	3,4	6	6,0
5	—	2,7	17	4,0	—	3,8	21	5,4
6	—	2,8	12	3,4	—	3,5	11	5,0
7	—	3,2	17	4,2	—	2,8	21	5,6
8	—	3,4	8	3,4	—	4,0	21	4,6
9	—	2,6	8	3,6	25	4,0	11	4,2
10	—	3,0	8	3,6	—	3,0	21	5,8
11	—	2,9	8	3,1	25	3,0	—	3,8
12	13	3,0	12	4,2	25	2,5	21	5,0
13	32	2,5	10	3,4	—	2,6	—	3,9
14	20	2,6	12	4,5	13	+	6	4,0
15	32	2,4	10	4,5	—	2,5	11	4,0
16	20	4,2	12	4,2	13	+	6	4,5
17	20	3,1	10	3,3	13	+	6	5,0
18	20	4,0	10	5,7	13	2,5	6	4,7
19	32	3,0	8	4,3	17	+	3	4,4

durch die Hefen Nr. 14, 16 und 17 war nach 32 Tagen deutlich zu sehen. Bei Hefe Nr. 19 dieser Versuchsreihe trat sie nach 45 Tagen ein. Ebenso war sie bei Hefe Nr. 14 in Dextrosepeptonmilch nach 30 Tagen festzustellen. Die Gesamtdauer der Versuche betrug 45 Tage. Die Kontrolle der Peptonmilch wurde ebenfalls mit zur Peptonbestimmung herangezogen. Aus diesem Grunde fehlt auch hier der KOH-Wert. Die Säuremenge dürfte auch hier in der Nähe der anderen Kontrollen liegen.

Bei der Betrachtung der Ergebnisse der Tab. Nr. 9 fällt zunächst die Ausfällung des Caseins bei allen Hefen der Dextrosereihe auf. Es besteht die Wahrscheinlichkeit, daß infolge der in größerem Maße vorhandenen C-Quelle ein gesteigerter Stickstoffbedarf eintritt. Der Zeitpunkt der Fällung tritt früher ein als bei der reinen Magermilch. Auch in der Peptonreihe findet in den meisten Fällen eine Beschleunigung der Ausfällung statt. Eine Ausnahme machen die Hefen Nr. 9, 13 und 15, bei denen bis zum 45. Tag keine Fällung in Peptonmilch eingetreten war, während die Magermilch dickgelegt wurde. Die Dextrosepeptonmilchreihe verhält sich ähnlich der Dextrosemilchreihe. Hier legen die Hefen Nr. 11 und 13 nicht dick. Die Säureproduktion ist am stärksten in der Dextrosepeptonmilchreihe. Dann folgt die Dextrosereihe und zuletzt die Magermilch. Peptonmilch zeigt allerdings bei einigen Hefen schwächere Säureproduktion, andererseits ist sie bei einigen Stämmen wieder höher. Im Durchschnitt sind die Peptonwerte denen der Magermilch ähnlich. Eine deutliche Peptonisation war festzustellen bei den schon oben erwähnten Hefen in der Peptonmilch. In der Dextrosepeptonmilch zeigte nur die Hefe Nr. 14 Auflösung des Caseins. Die Peptonisation war teilweise so stark, daß das gesamte gefällte Casein aufgelöst wurde. Dieser Versuch zeigt also eine ähnliche Beeinflussung durch Pepton wie bei den Milchsäurebakterien.

Die *Peptonisation* von Milch durch eine Milchzuckerhefe untersuchte *Rubinsky* näher. Er ließ 4 Kolben mit 100 ccm Milch durch seine Kumißhefe vergären. Von diesen untersuchte er 2 nach 2tägiger Gärung, die übrigen beiden nach 10 Tagen. Nachdem Casein durch Alaun, die „übrigen" Eiweißstoffe durch Tannin abgeschieden waren, fällte er das „Pepton" mit Phosphorwolframsäure und verbrannte es dann nach *Kjeldahl*. Er will in den anderthalb Tagen in allen Kolben Spuren, in den 10 Tage alten Kolben 0,123 und 0,119 Peptonstickstoff gefunden haben, was auf Casein bezogen, 0,77 bzw. 0,76% ausmacht.

Angenommen, die Hefen bauten nur bis zum Pepton ab, dann mußte in meinen Proben in allen Fällen mehr Pepton vorhanden sein als in der Kontrolle. Ich untersuchte darum in der von *Rubinsky* angewandten und weiter unten näher beschriebenen Weise die 4 Hefen, die in der Peptonmilch die Auflösung des Caseins hervorgerufen hatten. Die Ergebnisse waren folgende:

Die nach *Kjeldahl* zu Ammoniak verbrannten Proben vermochten abzusättigen:

Die Kontrolle = 3,3 ccm $n/_{10}$-H_2SO_4
" Hefe 14 = 3,2 " "
" " 17 = 2,7 " "
" " 19 = 2,9 " "
" " 16 = 3,0 " "

Alle diese Peptonmilchen, die mit Hefe beimpft waren, zeigten also eine Abnahme der durch Phosphorwolframsäure ausfällbaren Stickstoffverbindungen. *Rubinsky* muß also eine im Caseinabbau besonders eigenartige Hefe gehabt haben, oder gerade in einem Stadium bestimmt haben, in dem diese Verhältnisse als Übergang tatsächlich vorhanden waren. Solche Werte sind natürlich nicht geeignet, einen tatsächlichen Überblick über den Caseinabbau zu geben. *Rubinsky* hat es unterlassen, das Casein selbst und die durch Tannin gefällten Eiweißstoffe zu bestimmen.

Um mir nun einen Überblick über den Caseinabbau zu verschaffen, wurden die Hefen Nr. 1, 2, 6, 14, 16, 17 und 19 auf je 100 ccm sterile Magermilch verimpft. Es wurde in allen Fällen ein und dieselbe Milch genommen. Die geimpften Milchen, und ebenso ein Kontrollkolben, wurden bei 30° einen Monat gehalten und dann untersucht. Die Methode war die, die zum Teil auch *Rubinsky* angewandt hat. Die näheren Angaben sind einer Arbeit von H. Engel und H. Schlag entnommen.

Zuerst wurde der Gesamtstickstoff bestimmt. 10 g Kontrollmilch wurden nach *Kjeldahl* mit 20 ccm H_2SO_4, sowie $HgSO_4$, $CuSO_4$ und K_2SO_4 als Katalysatoren verbrannt, der Ammoniak in 50 ccm $n/_{10}$-H_2SO_4 überdestilliert und mit Methylrot als Indicator gegen $n/_{10}$-NaOH titriert. Die Bestimmung wurde 3fach vorgenommen. Der Mittelwert dieser Titrationen betrug 36,2 $n/_{10}$-NH_4OH, was nach Umrechnung nach der Formel 36,2 $n/_{10}$-NaH_2OH · 0,0014 · 6,37 · 10,0 einem Gesamtstickstoffgehalt von 3,23 % entsprechen würde.

Nach der Bestimmung des Gesamtstickstoffs wurde das Casein bestimmt. 10 g Milch wurden mit 60 ccm Wasser verdünnt und bei 40° durch tropfenweises Zusetzen von 5 ccm einer kalt gesättigten Kalialaunlösung gefällt, nach 24 Stunden abfiltriert, gut ausgewaschen und, noch feucht, wie vor nach *Kjeldahl* verbrannt. Der ermittelte Stickstoff mit 6,39 multipliziert ergibt das Casein. Die Werte dieser Bestimmung finden sich in Tab. 10. Im Filtrat des Caseinniederschlags wurden durch Zugabe von 25 ccm Almenscher Tanninlösung Albumin, Globulin und höhere Peptone ausgefällt und abfiltriert. Nach guter Auswaschung wurden die Niederschläge nach *Kjeldahl* verbrannt und bestimmt. Vorgelegt wurden in diesen Fällen nur 25 ccm $n/_{10}$-H_2SO_4. Die Berechnung erfolgte durch Multiplikation des Stickstoffs mit 6,30.

Durch Abzug des durch Alaun und Tannin fällbaren Stickstoffs vom Gesamtstickstoff wurde der Reststickstoff, der die Hexonbasen, Ammoniakstickstoff und den Aminosäurenstickstoff enthielt, bestimmt.

Die in Tab. Nr. 10 zusammengefaßten Ergebnisse der Caseinabbauversuche veranlassen folgende Feststellungen:

1. Casein wird von allen untersuchten Hefen in erheblichem Maße abgebaut.

Tabelle 10.

Hefe Nr.	Kontr.	H. 1	H. 2	H. 6	H. 14	H. 16	H. 17	H. 19
Gesamt N-Verbindungen = $n/_{10}$-NH$_4$OH	36,2	36,2	36,2	36,2	36,2	36,2	36,2	36,2
Durch Alaun gefällte = $n/_{10}$-NH$_4$OH	29,0	17,5	18,2	21,5	16,7	17,2	15,3	21,1
Durch Tanninfällung = $n/_{10}$-NH$_4$OH	4,0	9,2	10,9	7,2	10,5	11,15	11,1	9,2
Reststickstoff = $n/_{10}$-NH$_4$OH	3,2	9,5	7,1	7,5	9,0	7,85	10,8	5,9
Gesamt N-Verbindungen = % der Milch	3,23	3,23	3,23	3,23	3,23	3,23	3,23	3,23
Alaunfällung = % N-Verbindung d. Milch	2,59	1,57	1,63	1,92	1,49	1,54	1,37	1,81
Tanninfällung = % N-Verbindung d. Milch	0,35	0,81	0,96	0,64	0,93	0,98	0,89	0,81
Reststickstoff = % N-Verbindung d. Milch	0,29	0,85	0,64	0,67	0,81	0,71	0,97	0,61

2. Der Abbau vollzieht sich in der Weise, daß nicht nur niedere, im Reststickstoff zusammengefaßte Abbauprodukte entstehen, sondern es werden auch Verbindungen erzeugt, die den im Milcheiweiß vorhandenen Eiweißarten Albumin und Globulin in bezug auf die Tanninfällbarkeit nahestehen. Diese Stoffe lassen sich vielleicht als ein Zwischenstadium auffassen, da die Hefen noch, mit nur geringer Prozentzahl toter Zellen, alle am Leben waren, in keinem Falle mit bloßem Auge sichtbare Peptonisation und in nur sehr wenigen Fällen, Nr. 14, 16, 17 und 19 eine Caseinausfällung festzustellen war.

3. Bei allen diesen Milchproben, verglichen mit den gleichen, früher angestellten Versuchen mit größerer Milchmenge im Kolben, ergab sich, daß die Milch in hoher Schicht, also im Röhrchen, gegenüber der Milch in dem nur 1—2 cm hoch gefüllten Kolben schneller dickgelegt wurde.

Nimmt man nun die Zahl der Zellen pro Kubikzentimeter in der hohen und niedrigen Schicht als ungefähr einander gleich an, so hat die am Boden klebende Hefe in dem Kolben infolge der besseren Verteilung auf der größeren Grundfläche viel günstigere Ernährungsmöglichkeiten als die in höherer Schicht zusammengeballte Hefe im Röhrchen. Ihre Enzyme müssen zur Ausfällung und Auflösung des Caseins einen viel weiteren Weg zurücklegen als die der niedrigeren Schicht, und der Nahrungsverbrauch wird in der Nähe der Hefe ein viel konzentrierterer sein als bei der besseren Verteilung in der niedrigeren Schicht. Auch die gleichmäßige Durchmischung der Flüssigkeit wird wegen der größeren Entfernungen sich viel schwieriger vollziehen. Diese Annahme wird noch näher beleuchtet durch die Tatsache, daß ich bisher keine Angaben in der Literatur habe finden können, daß Milchzuckerhefen in größeren

Milchmengen die Milch *sichtbar* peptonisiert haben, sondern es handelt sich stets um Röhrchenversuche, bei denen die Peptonisation festgestellt wurde, und zwar, wo Angaben darüber gemacht wurden, immer *unten beginnend*!

Unter Berücksichtigung dieser Punkte ist die Peptonisation ohne eine sichtbare, d. h. über den Augenblicksbedarf hinausgehende Fällung des Caseins verständlich.

Neben der Frage des Verhaltens zum Casein in der Milch war es interessant, das Verhalten der Hefen gegenüber dem Casein in der Milchagarplatte zu studieren.

Falls nun die bei der Untersuchung des Abbaus des Caseins aufgestellte Annahme, daß unter erschwerten Verhältnissen die Peptonisation eine deutlichere ist, weil zuerst das am leichtesten erreichbare Casein abgebaut wird, richtig ist, mußte in der Milchagarplatte die Peptonisation noch viel schneller und deutlicher auftreten. Weiter war es von Interesse — die bisherigen Abbauversuche fanden stets in entrahmter Milch statt — wie die Hefen sich verhalten würden, wenn Vollmilch verwandt würde.

Die Anordnung der Versuche war folgende:

Es wurden 4 Versuchsreihen angelegt. In Petri-Schalen wurden Platten ausgegossen, die a) 10 ccm Vollmilch und 10 ccm 3proz. Wasseragar, b) 5 ccm Vollmilch und 5 ccm Wasseragar, c) 10 ccm Magermilch und 10 ccm Wasseragar, d) 5 ccm Magermilch und 5 ccm Wasseragar enthielten.

Die Platten unterschieden sich also einmal durch die Dicke und 2. durch die Milch. Auf diesen Platten wurden nun in der Weise Riesenkolonien angelegt, daß mit der Nadel, die das einer 8tägigen Vorzüchtung auf *Milchagar* entnommene Impfmaterial enthielt, an 4 Punkten in den Agar hineingestochen wurde. Die Platten wurden nun bei der durchschnittlich optimalen Temperatur von 30° im Brutschrank gehalten und von Zeit zu Zeit beobachtet.

Die Beobachtung erstreckte sich sowohl auf augenscheinliche Veränderungen der Platte als auch auf etwaige Veränderungen des Geruchs. Wie verlautet, trat in vielen Fällen bald eine Peptonisation ein, die sich durch das Durchsichtigwerden einer Zone der Agarschicht rund um die Kolonie bemerkbar machte. *Dieser geklärten Zone lief* merkwürdigerweise *eine Zone vorauf, die* ungefähr 3—4 mm breit war und *von der übrigen Farbe durch einen elfenbeinfarbenen Ton* in der Aufsicht abstach. Bei durchfallendem Licht erwies sich die Platte an dieser Stelle undurchsichtiger als an der übrigen Fläche. Dieser gelblichen Zone folgte deutlich abtrennbar die vollkommen klare „Peptonisatzone". Nach einigen Wochen war dann eine leichte, vom Rande der Kolonie ausgehende weißgraue Trübung der klaren Zone zu beobachten.

Fassen wir die Resultate der Tab. Nr. 11 zusammen, so ergibt sich:
1. Die dünnen Platten werden unbedingt schneller peptonisiert als die dicken Platten.

Tabelle 11.

Hefe Nr.	Vollmilch						Magermilch						
	dicke Platte		dünne Platte				dicke Platte				dünne Platte		
	14 Tage		7 Tage		14 Tage		7 Tage		14 Tage		7 Tage		14 Tage
	F	P	F	P	F	P	F	P	F	P	F	P	F	P
1	—	—	—	—	—	—	—	—	—	—	—	—	—	—
2	—	—	—	—	—	—	—	—	—	—	+	(+)	(—)	+
3	—	—	+	(+)	(—)	(+)	+	—	(—)	+	+	+	(—)	++
4	—	—	—	—	—	—	—	—	—	—	+	(+)	(—)	+
5	—	—	+	+	(—)	+	—	—	(—)	+	+	+	(—)	+++
6	—	—	—	—	—	—	—	—	—	—	—	—	—	—
7	—	—	+	(+)	(—)	(+)	—	—	—	—	+	+	(—)	+
8	—	—	—	—	—	—	—	—	—	(+)?	+	+	(—)	++
9	—	—	—	—	—	—	+	—	(—)	(+)	+	+	(—)	++
10	—	—	—	—	—	—	+	—	(—)	(+)	+	+	(—)	++
11	—	—	+	(+)	(—)	(+)	+	—	(—)	(+)	+	+	(—)	+
12	—	—	+	(+)	(—)	(+)	+	—	(—)	+	+	(+)	(—)	+
13	—	—	—	—	—	—	—	—	—	—	—	—	—	—
14	—	—	+?	—	—	—	—	—	—	—	+	—	+	+
15	—	—	—	—	—	—	—	—	—	—	—	—	—	—
16	—	—	—	—	—	—	—	—	—	(+)	+	+	(—)	+
17	—	—	—	—	—	—	+	—	(—)	(+)	+	+	(—)	++
18	—	—	—	—	—	(+)	+	—	(—)	+?	+	(+)	(—)	+
19	—	—	—	—	—	—	—	—	(—)	+	+	(+)	(—)	+

F = elfenbeinfarbene Zone,
P = Peptonisatzone,
(+) = sehr schwach,
(—) = nicht mehr zu unterscheiden.

2. Die Magermilchplatten werden eher peptonisiert als die Vollmilchplatten gleichen Alters.

3. Der Aufhellung der Platten geht eine Trübung voraus. Diese getrübte Zone ist nach 14 Tagen meistens nicht mehr deutlich festzustellen.

Es lassen sich hierfür 2 Gründe finden: Die Zone ist vollkommen verschwunden, oder die Zone nimmt die ganze restliche Platte ein oder geht jedenfalls langsam in sie über. Der zweite Grund scheint mir der einleuchtendere zu sein, denn da die Zone der Peptonisation vorherläuft, muß sie mit einer Veränderung der Caseins verbunden sein, und es ist kein Grund vorhanden, daß dieses sich später selbsttätig zurückverwandelt.

Die spätere leichte Trübung der aufgehellten Peptonisatzone erkläre ich mit einer Abscheidung von für die Hefen nicht verwendbaren Abbauprodukten des Caseins.

Die Bevorzugung der Magermilchplatte bei der Peptonisation vor der Vollmilchplatte läßt vermuten, daß hier das Butterfett eine Rolle spielen muß. Auch der Peptonisationsgrad der Magermilchplatte ist stärker als der der Vollmilchplatte. Die Hefe scheint also das Butterfett dem Casein vorzuziehen, es demnach zu spalten. Dieses wieder ergibt den Schluß, daß das Casein, da es durch Butterfett ersetzt werden kann, in diesem Falle nicht nur als Stickstoffquelle, sondern auch als wichtige Kohlenstoffquelle in Betracht kommt.

Die schnelle Peptonisation der dünneren Platte ist eine Bestätigung meiner Erklärung des Unterschieds in der Peptonisation von Milch in flüssigem Zustand im Reagensglas und im Kolben.

Nun ist noch die Erscheinung des eigenartigen elfenbeinfarbigen Ringes vor der Peptonisation zu deuten: Ich nahm von vornherein an, daß dieser Ring eine Caseinfällung durch die Labproduktion der Hefe sein müßte, da sie so innig mit der Peptonisation verbunden ist und dieser stets vorausging. Tatsächlich gelang es mir nun durch einmaliges Auftupfen eines kleinen Tropfens durch Tonkerzenfiltration keimfrei gemachten, käuflichen Labextraktes leicht, nach einigen Stunden diesen Ring auf Milchagar ohne Hefen zu erzeugen. Hierdurch ist also die elfenbeinfarbene Zone als *Labfällungszone* zu erklären.

Tabelle 12.

Hefe Nr.	Geruch der Hefen auf Milchagarplatten	
	mit Magermilch	mit Vollmilch
1	nach faulenden Äpfeln	wie in der Magermilch
2	stark nach faulenden Äpfeln	
3	desgl.	
4	desgl.	johannisbrotartig
5	desgl.	,,
6	desgl.	,,
7	desgl.	johannisbrotartig neben Apfelgeruch
8	desgl.	johannisbrotartig
9	desgl.	johannisbrotartig, angenehm
10	desgl.	johannisbrotartig, sehr schwach
11	desgl.	Geruch sehr schwach
12	desgl.	wie in der Magermilch
13	angenehm n. faulenden Äpfeln	johannisbrotartig, sehr schwach
14	nach faulenden Äpfeln	desgl.
15	nach saurem Käse	käsig, unangenehm
16	nach faulenden Äpfeln	wie in der Magermilch
17	desgl.	johannisbrotartig
18	desgl.	johannisbrotartig, schwach
19	rein, nach faulenden Äpfeln	desgl.

Die Geruchsproben, die in dieser Tabelle verzeichnet sind, wurden nach 8 Tagen genommen. Nach längerer Zeit verschwand der bisher sehr angenehme Geruch von den Vollmilchplatten, und die Platten rochen dann sehr unangenehm nach ranziger Butter. Auf den Magermilchplatten herrschte der Apfelgeruch weiter vor.

Wir finden also auch hier wieder in den meisten Fällen einen recht deutlichen Unterschied zwischen der Vollmilch- und Magermilchplatte derselben Hefe. Der Johannisbrotgeruch, der typische Buttersäuregeruch, zeigt hier die Butterfettzersetzung an. Daß dieser Geruch den gewöhnlichen, stets auf der Magermilchplatte durch die Hefe erzeugten und vorherrschenden sauren, obstartigen Geruch meistens noch zu übertönen vermag, ist ein Zeichen für die Stärke der Fettspaltung. Es schließt nun natürlich nicht aus, daß die Vollmilchplatten, die keinen deutlich wahrnehmbaren Buttersäuregeruch oder keine hervortretende Geruchsdifferenzierung von der Magermilchplatte zeigen, nicht auch einer Fettspaltung unterworfen waren. Diese Frage war in den noch folgenden Untersuchungen zu klären. Weiter bestätigen diese Ergebnisse die Annahme *Weigmanns*[53], daß die Hefen an der Bildung des feinen Duftes der Butter beteiligt sind, während die Milchsäurebakterien in erster Linie den kräftigen Geschmack hervorrufen. Tritt nun aber die Fettspaltung über ein bestimmtes Maß hinaus, so wird die Butter ranzig. Dann ist der Schaden, den die Hefen ausrichten können, größer als der Vorteil durch die feine Blumenbildung.

Im Widerspruch stehen diese Ergebnisse mit den von *Sandelin*[45] gefundenen Resultaten. Wenn er in der 3. Gruppe seiner Einteilung „Fettspalter" und Zuckerzersetzer der Hefen zusammenfaßt und sagt, daß sie nicht oder kaum Casein angreifen, so liegt das meines Erachtens in erster Linie daran, daß auch hier das für die Hefe als Kohlenstoffquelle geeignetere Butterfett zuerst angegriffen wird. Dann aber, falls Butterfett nicht in größeren Mengen vorhanden ist, wird doch energisch das Casein abgebaut. Weiter sagt *Sandelin* in seinen Schlußsätzen: Keiner der untersuchten Hefestämme greift gleichzeitig Fett, Zucker und Casein an, sondern nur eine oder höchstens 2 der angeführten Substanzen. Demnach müßten Fettspaltung und Caseinabbau sich gegenseitig ausschließen. *Sandelin* hat auch keine Gruppe Fettspalter und Peptonisierer aufgestellt. Daß dieses sich gegenseitige Ausschließen nicht der Fall zu sein braucht, geht aus meinen Untersuchungen hervor. Selbst wenn ein Nebeneinander, wie es auch meine Ergebnisse zu erweisen scheinen, von Fett und Casein gleichzeitig als Kohlenstoffquelle nicht in Frage kommt, so ist dennoch der Stickstoffbedarf bei verstärktem Kohlenstoffverbrauch ein stärkerer, und als Lieferant hierfür kommen nur die Eiweißkörper der Milch in Frage, in erster Linie wegen seiner Menge das Casein.

Natürlich ist die Bestimmung der Fettspaltung, wie ich sie mittels der Milchagarplatten vornahm, nicht ausreichend zur endgültigen Entscheidung. Zur weiteren Klärung dieser Frage wurde die Eijkmannsche Plattenmethode angewandt. In die innen mit einer dünnen Hammeltalgschicht bezogene Petrischale wurde Milchzuckerbouillonagar gegossen, in das einmal die Hefe hineingesäet, ein anderes Mal die Hefe in Riesenkolonien gepflanzt war. Die Platten wurden dann bei 30° aufbewahrt. Nach 4 Wochen waren die Hefen gut gewachsen, die Talgplatten aber in keinem Falle verändert. Auch der Ersatz des Hammeltalgs durch Rindertalg verlief ebenso ergebnislos.

Weiter wurde die von *Henneberg*[23] empfohlene Methode des schräggestellten Vollmilchfederstrichs angewandt. Hier wurde in allen Präparaten, nachdem sie ungefähr 5—9 Tage bei Zimmertemperatur gestanden hatten, beobachtet, daß sich viele einzeln gelegene Fettkugeln, die sich in der Nähe der Hefen befanden, auflösten. Sie waren dann von einem stark lichtbrechenden Hof umgeben, in dessen Mitte sich oft halbmondförmige Trümmer der Fettkugel befanden. Manche Fetttropfen waren vollständig zerflossen. Fettsäurekristalle, wie sie z. B. bei der Butterfettzersetzung durch Moniliaarten entstehen, habe ich auch nach 4—5 Wochen, in dieser Zeit waren die Hefen meist schon abgestorben, nicht feststellen können.

Zwar kann man die Auflösung der Fettkugeln auf die Lipasenwirkung zurückführen, doch brachte auch diese Methode keine vollkommen eindeutigen Ergebnisse. So mußte noch eine 4. Methode der Bestimmung der Lipasenwirkung herangezogen werden, das von *Michaelis* und *Nakahara*[37], sowie von *van der Walle*[51] angewandte Verfahren mittels des Stalagmometers.

Die Anordnung der Versuche erfolgte in Anlehnung an die Untersuchungen *Michaelis* und *Nakaharas*. Zuerst wurde ein Phosphatgemisch nach *Sörensen* hergestellt mit $p_H = 7{,}0$. Dieses Gemisch wurde mit 4 Teilen destilliertem Wasser verdünnt und mit einigen Tropfen Tributyrin versetzt. Die Mischung schüttelte ich dann 10 Minuten lang mittels der Schüttelmaschine und filtrierte sie klar. Darauf wurden 8 Tage alte Hefekulturen, die auf Vollmilchagar vorgezüchtet wurden, mittels der Impfnadel vom Agar vorsichtig abgenommen und in Phosphatgemischverdünnung ohne Tributyrin sorgfältig suspendiert. 2 ccm dieser Suspension wurden mit 8 ccm Phosphatbutyringemischverdünnung zusammengegossen, gut durchgeschüttelt, sofort der Tropfwert festgestellt und dann bei 30° im Brutschrank gehalten. Alle Stunden wurde zur Ermittlung des Zeitpunktes, wo die Fettspaltung beendet, bzw. der Tropfenwert des mit Hefen beschickten Gemisches konstant sein würde, nachdem das Röhrchen wieder auf Zimmertemperatur abgekühlt war, erneute Tropfenzählungen vorgenommen. Es wurden stets soviel genau abpipettierte Röhrchen angesetzt, daß für jede Zählung ein neues Röhrchen genommen werden konnte. Zur Ermittlung des Prozentwerts der Zählung wurde eine Tabelle (Nr. 13) hergestellt, in der durch Mischung von Tributyrinphosphatgemischverdünnung und reiner Phosphatgemischverdünnung im gewünschten Prozentgehalt durch Auszählung der Tropfenzahl die betreffenden Werte festgelegt wurden. Die

Tabelle 13. *Beziehung zwischen Tropfenzahl und Fettgehalt.*

% Tributyrin	Tropfenzahl	% Tributyrin	Tropfenzahl
100	88,0	45	74,0
80	85,7	40	73,0
75	84,5	35	72,5
70	82,0	30	71,2
65	80,0	25	70,5
60	79,0	20	69,0
55	78,0	0	62,0
50	77,0		

gesättigte . Tributyrin-Phosphatgemischverdünnung wurde dabei = 100% gesetzt. Die Ermittlung der Spaltungszeit erfolgte nur mit einem Teil meiner Hefen, und die Resultate sind in Tab. 14 niedergelegt. Die Feststellung der in Tab. 15 mitgeteilten Werte erfolgte nur durch einmaliges Auszählen nach 10 Stunden, da im Vorversuch die Zeit von 10 Stunden als ausreichend bis zur Konstanz des Tropfenwerts festgestellt war.

Tabelle 14. *Verlauf der Fettspaltung durch einige Hefen* (Nr. 4, 2, 5 und 6).

Hefe Nr.	Sofort		Nach 1 Std.		Nach 2 Std.		Nach 3 Std.		Nach 4 Std.		Nach 5 Std.		Nach 9 Std.		Nach 10 Std.	
	gtt	%	gtt	%	gtt	%	gtt	%	gtt	%	gtt	%	gtt	%	gtt	%
4	83	75	81,5	70	79,0	60	78,7	58	78,5	58	78,5	58	77	50	77	50
2	83	75	79,0	60	78,5	58	77,0	50	77,0	50	77,0	50	77	50	77	50
5	84	75	79,5	60	78,3	56	78,0	55	78,0	55	78,0	55	75	47	75	47
6	81	70	79,0	60	78,7	58	78,7	58	78,7	58	78,5	58	74	47	74	47

gtt = Tropfwert.
% = % ungespaltenes Tributyrin.

Tabelle 15. *Fettspaltung der übrigen Hefen nach 10 Stunden.*

Hefe Nr.	Tropfenzahl	% Butyrin ungespalten
Kontrolle	sofort 85,5	80
	nach 10 Stunden	
	83,0	70—75
1	72,0	30—35
3	71,0	25—30
7	72,0	30—35
8	72,0	30—35
9	71,0	25—30
10	69,0	20—25
11	70,0	25
12	70,0	25
13	73,0	40!
14	69,0	20—25
15	70,0	25
16	67,0	15—20
17	68,0	20
18	71,5	30—35
19	72,0	30—35

Die Resultate dieser Versuche ergeben für alle untersuchten Hefen das Vorhandensein von Fettspaltungsvermögen. Auffallend ist der Unterschied der Intensität der Fettspaltung der Tab. 14 und 15. Die in Tab. 15 untersuchten Hefen waren 14 Tage auf Milchagar vorgezüchtet, während die Hefen Nr. 4, 2, 5 und 6 nur 8 Tage alten Kulturen entnommen waren. Der Ernährungszustand der Hefen muß demnach auf die Lipaseerzeugung von großem Einfluß sein. Dieselbe Erscheinung konnte *Carriere*[4] für andere Mikroorganismen nachweisen.

Hierdurch findet auch die Erscheinung, daß ein Buttersäuregeruch erst nach 8 Tagen und erst nach 14 Tagen der unangenehme Geruch ranziger Butter auftrat, ihre Erklärung. Den Hefen genügte vor diesem Zeitpunkt noch die Kohlenstoffquelle, die der Milchzucker ihnen bietet. Erst nach dessen Verbrauch sind sie gezwungen, sich neue Ernährungsmöglichkeiten zu erschließen.

Die geringen Verluste, die bei den blinden Versuchen zu konstatieren sind, muß man auf die Alkalität des angewendeten Glases zurückführen. Da die Löslichkeit des Tributyrins in dem Gemisch eine nur sehr geringe ist, sind sie natürlich prozentual hoch, doch nicht so hoch, daß das qualitative Ergebnis der Untersuchungen in Frage gestellt würde.

Michaelis und *Nakahara*[37] haben in eingehenden Untersuchungen mit der obergärigen Preßhefe Rasse XII nachgewiesen, daß die durch Abnahme des Tributyrins bedingte Verminderung der Tropfenzahl nicht auf Adsorption, sondern nur auf Lipasewirkungen beruht.

Weiter ist anzunehmen, daß die Lipase der untersuchten, Milchzucker vergärenden Hefen nur in der Lage ist, Butterfett zu spalten, dagegen die Glyceride höherer Fettsäuren, wie sie in den Talgen vorliegen, nicht anzugreifen vermag. Auch dieser Punkt weist auf die enge Zusammengehörigkeit mit der Milch hin.

Nachdem das Verhalten der Milchzucker vergärenden Hefen gegenüber den drei Hauptbestandteilen der Milch, Zucker, Käsestoff und Fett, untersucht worden war, interessierte mich die Frage, wie die Hefen sich in ihrer wichtigsten Lebensäußerung, der Gärtätigkeit, gegenüber zwei Stoffen verhalten würden, die in der Verarbeitung der Milch eine bedeutende Rolle spielen: der Milchsäure und dem Kochsalz.

Die Milchsäure hat sowohl im Käse als auch in der Butter nicht allein eine den Geschmack, sondern auch die Konservierung beeinflussende Aufgabe. Wie weit die das Aufkommen der Organismen hemmende Wirkung einen Einfluß auf meine Hefen hat, wurde folgendermaßen untersucht:

In Hefewasser von 7,4 p_H wurden 10% Dextrose gelöst und nach Zusatz von 0,5, 1,0, 1,5, 2,0 und 2,5% Milchsäure wurde die Lösung steril zu 10 ccm auf Einhornkölbchen gefüllt. Die Kölbchen wurden dann beimpft und bei 30° der Gärung überlassen. Die so angesetzten Gefäße wurden von Zeit zu Zeit nachgesehen und der Gärverlauf durch Ablesung der gebildeten Kubikzentimeter Kohlendioxyd am graduierten Teil des Kolbens abgelesen. In der Tabelle 16 bedeuten die Zahlen Kubikzentimeter, + = wenig CO_2. Bei ++ hatte die CO_2-Produktion die mittels des Einhornkölbchens meßbare Menge von 6 ccm überschritten.

Es zeigte sich, daß schon 0,5% Milchsäure auf die Gärung hemmend einwirkt. Eine Kontrolle ohne Milchsäurezusatz ließ bei allen Hefen schon am 2. Tag die CO_2-Produktion, die mittels des Einhornkölbchens meßbare Menge übersteigen. Am empfindlichsten ist die Hefe Nr. 6,

Tabelle 16.

Hefe Nr.	0,5% Milchsäure			1,0% Milchsäure			1,5% Milchsäure			2,0% Milchsäure			2,5% Milchsäure		
	3 Tg.	4 Tg.	6 Tg.	3 Tg.	4 Tg.	6 Tg.	3 Tg.	4 Tg.	6 Tg.	3 Tg.	4 Tg.	6 Tg.	3 Tg.	4 Tg.	6 Tg.
1	3,0	++	++	—	—	3,2	—	—	—	—	—	—	—	—	—
2	2,8	++	++	1,8	++	++	—	2,5	++	—	0,5	4,2	—	—	—
3	5,3	++	++	+	3,5	++	—	—	1,0	—	—	—	—	—	—
4	5,5	++	++	+	++	++	+	++	++	—	—	3,8	—	—	—
5	2,5	++	++	+	4,5	++	—	+	+	—	—	—	—	—	—
6	—	2,1	2,1	—	—	—	—	—	—	—	—	—	—	—	—
7	5,8	++	++	1,0	++	++	—	2,3	++	—	—	—	—	—	—
8	2,0	2,0	2,0	1,0	4,5	4,5	+	+	4,0	—	—	—	—	—	—
9	2,5	++	++	+	1,8	4,3	—	—	—	—	—	—	—	—	—
10	2,8	++	++	1,8	++	++	—	—	—	—	—	—	—	—	—
11	3,8	++	++	2,0	3,5	3,5	+	1,2	5,5	—	+	1,0	—	—	—
12	3,5	++	++	1,0	3,5	3,6	?	+	2,4	+	1,0	3,3	—	—	—
13	5,0	++	++	2,5	4,5	++	1,5	2,5	3,5	+	2,0	++	—	—	—
14	3,8	3,8	3,8	3,5	++	++	+	2,5	++	+	3,8	++	+	1,0	4,3
15	3,2	++	++	2,7	++	++	3,5	++	++	1,5	+	4,5	—	—	—
16	++	++	++	1,0	4,4	++	?	2,8	++	—	—	1,0	—	—	—
17	++	++	++	++	++	++	+	3,8	++	—	—	—	—	—	—
18	1,2	3,0	4,0	+	+	1,0	+	+	1,0	—	—	—	—	—	—
19	++	++	++	++	++	++	+	2,0	++	—	—	—	—	—	—

die schon bei 1% Milchsäure nicht mehr gären kann. Bei 2,5% gärt nur noch eine Hefe, die Hefe Nr. 15. Die hemmende Wirkung zeigt sich in dem späteren Beginn der Gärung, die vielleicht auf die Ausbildung von säurefesten Hefegenerationen schließen läßt. Für die Praxis ergibt sich die Tatsache, daß die Säureproduktion der Milchsäurebakterien, sei es nun im Sauerrahm oder im Sauermilchquark, nicht stark genug ist, die Milchzucker vergärenden Hefen in wirksamer Weise zu bekämpfen.

Auch das Kochsalz hat in der Milchwirtschaft eine das Aufkommen unerwünschter Mikroorganismen verhindernde Aufgabe. Zur Untersuchung der Salzfestigkeit meiner Hefen wurde die Anordnung des Milchsäureversuchs in der Weise umgeändert, daß statt Milchsäure hier 5, 10 und 15% Kochsalz verwendet wurde. Die Gärung verlief bei einer Temperatur von 30°. Die Signatur der Tabelle ist analog der Tab. 16.

Bei allen Hefen ist bei 5% Kochsalz schon eine geringe Hemmung der Gärung zu konstatieren. Diese Hemmung tritt noch deutlicher bei 10% hervor. Die Mehrzahl der Hefen begann hier erst nach dem 5. Tag langsam zu gären. Bei den Hefen Nr. 1, 10, 14, 15 und 16 war sie bis zum 9. Tag überhaupt nicht eingetreten, und man muß es als sehr wahrscheinlich hinstellte, daß sie nach diesem Zeitpunkt nicht mehr eintreten wird. 15% Kochsalz verhindern die Gärung bei allen Hefen vollständig. Der Kochsalzzusatz spielt eine wichtige Rolle in der Butterei und Käserei.

Tabelle 17.

Hefe Nr.	0% NaCl	5% NaCl		10% NaCl					15% NaCl
	2 Tage	2 Tage	5 Tage	2 Tage	3 Tage	5 Tage	7 Tage	9 Tage	9 Tage
1	++	2,0	++	—	—	—	—	—	—
2	++	4,5	++	—	—	—	+	1,5	—
3	++	2,3	++	—	—	—	—	+	—
4	++	++	++	—	—	1,0	4,8	++	—
5	++	3,0	++	—	—	—	—	1,5	—
6	++	++	++	—	—	++	++	++	—
7	++	0,7	++	—	—	—	+	2,5	—
8	++	4,5	++	—	—	—	+	1,2	—
9	++	5,0	++	—	—	—	—	+	—
10	++	+	++	—	—	—	—	—	—
11	++	3,5	++	—	—	1,0	1,0	1,0	—
12	++	++	++	—	—	—	1,0	2,5	—
13	++	++	++	—	—	—	+	+	—
14	++	2,2	++	—	—	—	—	—	—
15	++	2,0	++	—	—	—	—	—	—
16	++	1,7	++	—	—	—	—	—	—
17	++	1,0	++	—	—	—	—	+	—
18	++	2,2	++	—	—	—	+	1,5	—
19	++	++	++	—	—	0,75	4,8	++	—

Für die Auflösung des Kochsalzes kommt nur das in der Butter enthaltene Wasser in Frage. Die gesetzlich höchstzulässige Wassermenge beträgt 16%. Da nun heute meistens für Dauerbutter ein Salzzusatz von 3% zur Anwendung kommt, ergibt sich eine in der Butter verteilte Salzlösung von 18,7%. Diese Konzentration würde vollkommen genügen, die zersetzende Tätigkeit der Hefen zu unterbinden. Für die Butter, die in frischem Zustand verzehrt wird und meistens mindestens $1^1/_2$% Kochsalz enthält, wird auch dieser Prozentsatz genügen, da die Milchzucker vergärenden und butterfettzersetzenden Hefen schon durch eine 10proz. Kochsalzlösung so gehemmt werden, daß während der kurzen Zeitspanne von der Erzeugung bis zum Verbrauch der Butter eine Schädigung durch diese Organismen praktisch nicht mehr in Frage kommt.

Nach Kirchner[31] beträgt der Salzgehalt im Käse durchschnittlich 2—3% mit Schwankungen zwischen 1 und 6%. Die Weichkäse haben einen durchschnittlichen Wassergehalt von 45—60%, der bei der Reifung um 40—50% der Wassermenge zurückgeht. Es würde hier also im Beginn der Reifung eine Kochsalzlösung von ungefähr 5—6% Salzgehalt vorliegen. Die trockenen Hartkäse haben im Anfang 35—50% Wasser, dessen Menge sich während der Reifung um 20—25% vermindert. Hier würden wir im Anfang der Reifung 6—9% Kochsalz in der Lösung vorliegen haben. Diese Salzmengen hindern zwar in den Lösungen der Untersuchung die Lebenstätigkeit der Hefe schon, sind aber nicht stark genug, sie vollkommen zu unterbinden. Ich untersuchte daraufhin 10 Tilsiter Käse verschiedenen Alters und verschiedenen Fettgehalts der Lehrmeierei der Forschungs-

und Versuchsanstalt für Milchwirtschaft in Kiel. Zu diesem Zwecke wurden bis zur Mitte des Käses unter Wahrung möglichster Sterilität durchgeführte Bohrlinge steril zerschnitten und kleine Stücke davon in Milchzuckerbouillon zur Anreicherung gebracht. Die Bouillonröhrchen wurden dann 3 Tage bei 30° hingestellt. Die mikroskopische Untersuchung von 50 auf diese Weise hergestellten Kulturen erwies aber in allen Fällen ein vollkommenes Fehlen von Hefen. Berücksichtigt man nun, daß durch das Nachwärmen der Käsemasse, durch die scharfe Pressung und infolgedessen feste Konsistenz und den Luftmangel des Käses das Aufkommen der Hefen im Inneren und durch die Härte der Rinde oder durch das Salzbad und die Nachbehandlung mit Salzwasser im äußeren Teil des Käses sowie die niedrige Temperatur des Käsekellers eine spätere Infektion sehr unwahrscheinlich ist, so ist das Ergebnis dieser Untersuchungen nicht weiter verwunderlich. Daß aber tatsächlich trotz dieser Hindernisse Käseschädigungen durch Milchzucker vergärende Hefen eintreten, berichten verschiedene Autoren. Da die Arbeiten in der Literaturübersicht schon aufgeführt wurden, erübrigt sich hier ein nochmaliges Aufzählen.

Vergleicht man die Ergebnisse der Tab. Nr. 16 und 17, so fällt besonders die Salzfestigkeit der sonst gegen Milchsäure und höhere Temperaturen so empfindlichen Hefe Nr. 6 auf. Eine gleiche Erscheinung in bezug auf das Verhalten gegen Kochsalz und Milchsäure ist bei den Hefen Nr. 17, 18 und 19 festzustellen, während die Hefen 13, 14, 15 und 16 sich genau umgekehrt verhalten. Es hat fast den Anschein, als ob hier ein gewisser Zusammenhang besteht in der Weise, daß eine besondere Salzfestigkeit eine stärkere Empfindlichkeit gegenüber der Milchsäure mit sich bringt und ein Anpassungsvermögen an stärkere Säurekonzentrationen von einer geringeren Salzfestigkeit begleitet ist.

Dombrowski stellt am Schluß seiner Zusammenfassung fest, daß die milchzuckervergärenden Hefen gegenüber den Hefen des Gärungsgewerbes eine höhere Resistenz gegen Milchsäure und Kochsalz aufweisen. Dieses läßt sich aber nicht für alle Milchzuckerhefen verallgemeinern. *Dombrowski* hat nur 3 Milchzuckerhefen, eine Bierhefe und eine Weinhefe gegen Kochsalz und 7 Milchhefen gegen Milchsäure untersucht. Auf Grund dieses geringen Materials kommt er zu diesem Fehlschluß. Denn nach meinen Untersuchungen gibt es genau so säureempfindliche Milchzuckerhefen wie in der Gärungsindustrie, und andererseits sind auch nach *Henneberg*[23] Maltosehefen (Brennereihefe, Rasse XII und II) bekannt, die sich an Milchsäurekonzentrationen von 2 bis 2,5% anzupassen vermögen. Ebenso ist das Verhalten zu den verschiedenen Konzentrationen des Kochsalzes sehr schwankend.

Beschreibung der einzelnen Hefen.

Auf Grund der ausgeführten Untersuchungen sowohl morphologischer als auch physiologischer Art lassen sich die von mir isolierten Hefen in 2 Sproßpilzfamilien einteilen, in Saccharomycetaceen und Torulaceen.

Nach dem von *Em. Christian Hansen*[19] aufgestellten System der *Saccharomyceten* sind als Saccharomyceten solche einzellige Eumyceten aufzufassen, die als Hauptcharakter die Vermehrung durch Sprossung und die endogene Sporenbildung aufzuweisen haben. Alle anderen Hefepilze, die diesen beiden Punkten nicht entsprechen, sind von der Familie der Saccharomycetaceen auszuschließen.

Als *Torulaceen* werden die Hefen zusammengefaßt, die keine Sporen bilden und sich durch Sprossung vermehren. Morphologisch herrscht die runde, einen großen Fetttropfen enthaltende Form vor, doch finden sich unter ihnen Formen, die in morphologischer und physiologischer Beziehung bis auf die Sporenbildung den Saccharomyceten sehr nahe stehen.

Die Familie der Saccharomycetaceen ist unter den von mir untersuchten Hefen durch 2 Gattungen vertreten:

1. Die Gattung Zygosaccharomyces (Barker),
2. die Gattung Saccharomyces (Meyen).

Der Gattung Zygosaccharomyces ist die Hefe Nr. 6, der Gattung Saccharomyces sind die Hefen Nr. 2, 3, 5 und 7—14 zuzurechnen.

Bevor ich die einzelnen Hefen näher beschreibe, möchte ich, um unnötige Wiederholungen zu vermeiden, das vollkommen gleiche Verhalten aller untersuchten Hefen gegen verschiedene Zuckerarten im Lindnerschen Kleingärversuch vorweg nehmen:

Alle Hefen vergoren Lactose, Galactose, Dextrose, Saccharose und Raffinose, dagegen nicht Maltose und Arabinose.

Gattung Zygosaccharomyces.

Hefe Nr. 6, Zygosaccharomyces lactis.

Bei dieser Hefe erfolgte vor der Sporenbildung meistens eine Fusion der Zellen. Aus diesem Grunde rechne ich sie zu den Zygosaccharomyceten.

Die Kopulation trat nach 2 tägiger Züchtung in 10 ccm Bierwürze bei Zimmertemperatur sehr zahlreich ein. In Molke, Milchzuckerbouillon und Milch sind erst nach 8—14 Tagen, oft noch später, Anfänge einer Zellfusion festzustellen. Im Milchzuckerbouillonfederstrich und auf dem Gipsblock tritt sie dagegen bald, nach 48 Stunden bei Zimmertemperatur ein. Die kopulierenden Zellen unterscheiden sich von den übrigen durch besondere Größe. Schlecht ausgebildete, kleine Zellen kopulierten meist nicht. Die Kopulation verlief folgendermaßen:

Die Hefezelle bildet eine Ausbuchtung der Zellmembran, als ob sie sprossen wollte. Die Ausbuchtung wächst zu einem Schlauch aus, der die Länge der Zelle erreichen kann, an Breite aber nicht über ein Drittel hinausgeht. Trifft dieser Kopulationsschlauch auf eine Nachbarzelle, so wird deren Membran an der Berührungsstelle zerstört, ebenfalls die Membran an der Schlauchspitze aufgelöst, und der Zellinhalt der beiden Kopulanten verschmilzt miteinander und zieht sich in einer Zelle zusammen, in der dann die Sporenbildung erfolgt. Trifft der ausgesandte Kopulationsschlauch auf in der Richtung seiner Ausbildung keine Nachbarzelle, so kann auch Sporenbildung ohne Kopulation eintreten. Ebenfalls konnte ich Sporenbildung beobachten, ohne daß durch Ausbildung eines Schlauches der Versuch einer Kopulation gemacht worden war. Doch waren diese Fälle verhältnismäßig selten. Dagegen konnte ich feststellen, daß des öfteren, wenn scheinbar ein Schlauch sein Ziel nicht erreichte, an einer anderen Stelle der Zelle ein zweiter Schlauch ausgebildet wurde.

Auffallend war der Reichtum an Fett der Zellen, die sich zur Kopulation anschickten. Wurde der Kopulationsschlauch ausgebildet, so trat eine merkwürdige Regelmäßigkeit in der Anordnung der Fetttropfen in der Zelle ein. Sie sammelten sich in der Nähe des Schlauches und traten zum Teil in ihn hinein und lagerten sich an der Spitze oder an der Seitenwand des Schlauches. Die Mitte war stets fettfrei. Der Rest der Fetttropfen ordnete sich oft in einer oder zwei Reihen in geringer Entfernung, halbkreisförmig, vom Schlaucheingang. Bei fortgeschrittener Reife des Schlauches war der der Anfügungsstelle gegenüberliegende Teil der Zelle fetttropfenfrei.

Henneberg[22] fand nun bei der Untersuchung verschiedener Hefen, daß die Lage des Kerns sehr oft aus der Anordnung der Fetttröpfchen im Plasma festzustellen ist. Es liegt demnach nahe, hier auch einen Zusammenhang zwischen der Anordnung der Fetttropfen und der Lage des Kerns zu suchen.

Ich versuchte deshalb, die Kerne durch Färbung nach *Haidenhain* sichtbar zu machen. Dies gelang mir in den gewöhnlichen Zellen sehr gut, doch nie in kopulierenden oder sich auf die Kopulation vorbereitenden Zellen. Es ist demnach anzunehmen, daß bei der Kopulation die Kerne sich derartig verändern, daß sie nicht mehr vom Zellplasma differenziert werden können.

Mehr Erfolg hatte ich mit der Sichtbarmachung des Zellkerns durch Essigsäure nach *Henneberg*[23]. Hier trat eine deutliche Trennung von Kernplasma und Zellplasma in den meisten Fällen ein. In dem noch nicht zur Kopulation geschrittenen Schlauch war ein schmaler Faden von Kernsubstanz geflossen, während die Hauptmasse des Kerns vor dem Schlaucheingang lagerte. An weiter vorgeschrittenen, in Fusion begriffenen Zellen war ein Faden von einem Kern zum anderen zu beobachten. An den nicht kopulierenden Zellkernen war manchmal ein deutlich unterscheidbarer Kernkopf von runder Form zu erkennen. Nach der durch diese Kenntlichmachung bestimmten Lage des Zellkerns scheinen die Fetttröpfchen in enger Beziehung zur Kopulation zu stehen.

Die Ausbildung des Schlauches ist nicht an bestimmte Stellen des Zelleibes gebunden. Ich konnte sowohl polare wie ebenso oft seitliche Auswüchse feststellen.

Die Sporen sind rund, meistens in der Vierzahl und haben einen Durchmesser von 1,66 μ. Die Sporen keimen auf dem Wege der direkten Sprossung. Die Zellform ist ziemlich konstant elliptisch. Die Länge der Zellen schwankt wenig und beträgt 4,0—4,6 μ im Milchzuckerbouillonfederstrich. Die Breite schwankt zwischen 2,0—4,0 μ. Im 24 Stunden alten Federstrich sind im Zellinhalt kleine Vakuolen festzustellen. Nach 72 Stunden ist in der großen Vakuole Volutin nachzuweisen. Die Hefe sproßt an den Polen in gerader Richtung. Größere Sproßverbände fehlen. In Milchzuckerbouillon und Bierwürze verhält sie sich wie eine untergärige Hefe. Der Bodensatz haftet fest am Boden und verteilt sich, aufgerüttelt, staubig. Eine Ring- oder Hautbildung an der Flüssigkeitsoberfläche findet nicht statt. Im Gelatinestich wächst die Hefe sowohl an der Oberfläche als auch im unteren Teil des Stichs. Durch Gasblasen erzeugte perlartige Ausbuchtungen waren zu bemerken. Auswüchse, senkrecht zum Stich, fehlen vollkommen. Die Gelatine war nach 72 Tagen nur an der Oberfläche erweicht. Die Riesenkolonie auf Mz.B.-(= Milchzuckerbouillon-)Agar ist auffallend klein. Sie erreicht in 8 Wochen nur eine Größe von 1 cm im Durchmesser. Die Kolonie ist in der Mitte am höchsten, hat eine flache Mulde und fällt zum Rande ab. Der Rand ist wenig gekräuselt. Die Gelatinekolonie ist schwächer und entspricht sonst der Agarkolonie. Die Milchagarkolonie ist stark radiär, doch kaum konzentrisch gegliedert. An Stickstoffverbindungen bevorzugt sie ausgesprochen Pepton. Acetamid ließ kein Wachstum aufkommen. Am günstigsten für das Wachstum und die Gärung war die Temperatur von 30°. Das Minimum legt bei 10°, das Maximum bei 37°. Milch wird durch die Hefe äußerlich nicht verändert. Auch auf Zusatz von Pepton und Dextrose tritt keine Caseinfällung ein. Der Pilz erzeugt in Milch einen schwach hefigen Geruch und ausgesprochen bitteren Geschmack. Die erzeugte Säuremenge in Milch ist 0,1%, als Milchsäure berechnet. In Milch mit 4—5% Milchzucker werden 1,25%, mit 10% Milchzucker 2,7% Alkohol gebildet. Die gebildete flüchtige Säure entspricht bei beiden Konzentrationen 0,9 ccm $n/_{10}$-KOH. Auf Milchagar war keine Peptonisation und keine Zonenbildung zu beobachten. Der Geruch der Vollmilchplatte deutet auf Buttersäure hin. Tributyrin wurde zersetzt. 0,5% Milchsäure werden noch eben vertragen, doch gärt die Hefe bei 10% Kochsalz noch kräftig. Casein wird abgebaut.

In morphologischer Beziehung steht die Hefe der Zygosaccharomyces lactis α *Dombrowski* sehr nahe.

Gattung Saccharomyces.

Hefe Nr. 2, Saccharomyces lactis I.

Diese Hefe unterscheidet sich von allen anderen Vertretern der Gattung Saccharomyces durch die eigenartige Form der Sporen. Sie sind ausgesprochen nierenförmig und in der Zahl von 2—4, in den meisten Fällen 3, zu finden. Die Größe der Sporen ist konstant: Länge 4,0 μ, Breite 2,0—2,3 μ. Die Sporenbildung trat nur sehr schwer auf und konnte nur nach 28 Tagen in Milch von Zimmertemperatur beobachtet werden. Hier hatten ungefähr 40—50% der Zellen Sporen gebildet. In allen anderen Medien war die Hefe unter keinen Umständen zur Sporenbildung zu bringen. Die Sporenkeimung zeigt nichts Außergewöhnliches und erfolgt auf dem Wege der direkten Sprossung. Die Zellform ist im Federstrich nach 2 Tagen ziemlich regelmäßig länglich elliptisch. Länge 6,6—4,6 μ, Breite 3,3 μ. In älteren Kulturen kann man im Zellinnern viele Fetttropfen und eine große Vakuole unterscheiden. Nach 48 Stunden bildet sie in Lactosebouillon vielzellige Sproßverbände. Die Sprossung erfolgt polar. In flüssigen Nährböden verhält sie sich untergärig. Die Gärflüssigkeit klärt sich schnell, und der beim Aufrütteln flockige Bodensatz haftet sehr fest am Gefäß. Im Gelatinestich zeigt die Hefe bei 15—17° erst sehr spät, nach 72 Tagen, eine schwache Verflüssigung. Das Wachstum im Stichkanal ist überall gleich gut. Perlartige Gasblasen sind im Anfang zu beobachten. Senkrecht zum Stichkanal zeigen sich zarte, flaumfederartige Ästchen. Die Riesenkolonien auf Mz.B.-Agar sind konzentrisch geringt. In der Mitte ist eine seichte Mulde. Der Rand ist schwach granuliert und erhaben. Auch der erste Ring ist stärker. Auf Gelatine ist die Riesenkolonie sehr zart und auch von konzentrischer Struktur. Der Rand ist wenig und schwach gezähnt. Auf Milchagar ist sie ebenfalls konzentrisch mit kaum radiärer Gliederung. Die Mitte ist erhöht.

An Stickstoffnahrung bevorzugt sie Pepton. Acetamid ist am ungeeignetsten. Die optimale Temperatur beträgt 37°. Das Minimum liegt bei 10° und das Maximum über 45°. In Milch tritt energische Gärung ein. Die Milch riecht dann angenehm aromatisch und hat einen säuerlich hefigen Geschmack. Es werden bei 4—5% und 10% Milchzucker 1,5 und 3,1% Alkohol gebildet. Unter den gleichen Bedingungen beträgt die gebildete flüchtige Säure 1,2 und 1,3° *Thörner-Pfeiffer*. In gewöhnlicher Milch bildet sie bei der Gärung 0,15% Säure, als Milchsäure berechnet. 10 ccm Milch werden nach 25 Tagen dickgelegt. Bei Zusatz von Pepton oder Dextrose wird die Dicklegungszeit verkürzt. Auf der Magermilchplatte ist Peptonisation zu beobachten, der eine weiße Fällungszone vorangeht. Auf der Vollmilchplatte ist kein Buttersäuregeruch bemerkbar, doch wird Tributyrin zersetzt. Die Hefe verträgt noch 2% Milchsäure, doch kaum noch 10% Kochsalz.

In bezug auf die Sporenform ähnelt dieser Sproßpilz etwas dem Saccharomyces lactis β *Dembrowskis*, doch weicht sie in vielen anderen Beziehungen wesentlich davon ab.

Hefe Nr. 3, Saccharomyces lactis II.

Die Sporenbildung tritt bei diesem Pilz reichlich und leicht auf. Auf dem Gipsblock hatten bei Zimmertemperatur nach 7 Tagen 30% der Zellen Sporen gebildet. Auch in alten Federstrichen und Agarkulturen zeigte sich Sporenbildung. In einer einen Monat alten Milchgärung waren von 1—2% der Zellen Sporen gebildet. In bezug auf die Sporenzahl ist die Hefe konstant. Mehr oder weniger als 4 runde Sporen wurden nicht beobachtet. Die Sporen keimen auf dem Wege direkter Sprossung. Die Zellen sind im Federstrich vorherrschend von ovaler Form. In Milchkulturen nahmen sie eine mehr kugelige Form an. Im Federstrich waren nach 48 Stunden Sproßverbände von höchstens 5—6 Zellen festzustellen. Größere Verbände wurden auch später nicht gesehen. Die gut ernährte Hefe erreicht eine Größe von $9,2:4,6\,\mu$. In dichtbewachsenen Federstrichen beträgt sie $6,6:3,3\,\mu$ und in Milch haben die kugeligen Zellen einen Durchmesser von $4,6\,\mu$. Die Zellen zeigen in ihrem Innern sowohl im Federstrich wie in Milch neben einer großen Vakuole mehrere Fetttröpfchen. In flüssigen Kulturen setzt sie sich rasch zu Boden. Sie bildet an der Oberfläche weder eine Haut noch einen Ring. Der Bodensatz der Kulturen haftet fest und verteilt sich, aufgerührt, staubig. Im Gelatinestich bildet sie Gasblasen im Kanal. Das Wachstum geht bis an das Ende des Stiches. Die Gelatineverflüssigung beginnt bei 15° schon nach 3 Wochen. Am 72. Tag war die Kultur vollständig dünnflüssig. Nach einer Woche zeigten sich die zarten federartigen Auswüchse senkrecht zum Stichkanal. Die Riesenkolonien haben auf Mz.B.-Agar ein mattglänzendes, elfenbeinfarbenes Aussehen. Die Struktur ist hier sowohl wie auf Milchagar ausgesprochen konzentrisch gegliedert mit erhabener Mittelplatte. Die radiäre Teilung der Kolonien ist kaum bemerkbar. Die Gelatinekolonie ist bedeutend kleiner und zarter und kommt wegen der bald eintretenden Verflüssigung nicht zu charakteristischer Entwicklung. Als Stickstoffquelle ist Pepton günstig. Kaliumnitrat zeigt kein Wachstum. Das Temperaturoptimum ist 37°, das Maximum über 45° und das Minimum um 10°. Durch die Hefe vergorene Milch schmeckt säuerlich hefig und riecht angenehm aromatisch. Die Gärungssäure beträgt in gewöhnlicher Milch 0,1%, als Milchsäure berechnet. In Milch mit 4—5% und 10% Milchzucker bildet sie 2,0 und 3,1% Alkohol und flüchtige Säure von 0,1 und 1,2° *Thörner-Pfeiffer*. Magermilch wird nicht dickgelegt, ebenso nicht nach Zusatz von 1% Pepton. Bei Gegenwart von Dextrose dagegen wird die Milch bald dickgelegt. Die Milchagarplatten werden peptonisiert. Vorher tritt eine Fällungszone auf. Auf der Vollmilchplatte ist kein Buttersäuregeruch festzustellen, doch wird Tributyrin gespalten. 1,5% Milchsäure werden noch eben vertragen. Bei 10% Kochsalz ist die Gärung nur noch minimal.

Hefe Nr. 5, Saccharomyces lactis IIa.

Diese Hefe ist in bezug auf die Form, Bildung und Keimung der Sporen der Sacch. lact. II gleich. Die Anzahl beträgt hier ebenso oft 3 wie 4. Auch in bezug auf die Form, Größe und den Inhalt der Zelle unterscheidet sie sich kaum von dieser Hefe. Die Sproßverbände sind hier noch kleiner und zerfallen bald. Auch im Verhalten in flüssigen Nährböden verhält sie sich wie der erwähnte Pilz. Die Verflüssigung der Gelatine tritt erst nach 31 Tagen ein, sonst ist sie im Gelatinestich diesem gleich. Die Riesenkolonien gehören ebenfalls dem konzentrischen

Typ an, doch haben sie in der Mitte eine Mulde und sind deutlich radiär gegliedert. Die Gelatinekolonie kommt nicht zu guter Entwicklung, da die Gelatine reichlich verflüssigt wird. In bezug auf Stickstoffernährung verhält sie sich gleich, verträgt aber Kaliumnitrat leidlich. Das Temperaturoptimum liegt bei 30°. 45° werden noch vertragen. Das Minimum liegt um 10°. Vergorene Milch riecht stark hefig. Der Geschmack ist herbe hefig, säuerlich. Die gebildete Gärungssäure ist dieselbe wie vor. In 4—5% und 10% Milchzucker enthaltender Milch bildet sie 1,8 und 3,0% Alkohol und 0,8 und 1,8° Thörner-Pfeiffer flüchtige Säure. Die Milchen werden wie bei Sacch. lactis II dickgelegt. Auch die Peptonisation von Milchagarplatten ist dieselbe. Dagegen tritt auf den Vollmilchplatten deutlich der johannisbrotähnliche Buttersäuregeruch auf. Tributyrin wird gespalten. Gegen Milchsäure und Kochsalz in verschiedener Konzentration ist kaum ein Unterschied von der Sacch. lactis II festzustellen.

Hefe Nr. 7, Saccharomyces lactis IIb.

Auch diese Hefe ist in vielen Beziehungen der Saccharomyces lactis II ähnlich, und ich kann mich daher darauf beschränken, die wesentlichen Abweichungen morphologischer und physiologischer Art hier zu registrieren.

Die Zahl der Sporen ist hier sehr unregelmäßig. Es kommen gleich oft 2, 3 und 4 Sporen zur Ausbildung. Auch die Form und das innere Bild der Zelle ist sehr schwankend. Die Zellen sind durchschnittlich oval mit einer Vakuole. Oft werden jedoch langgestreckte Zellen mit 2 und 3 Vakuolen gebildet. An der Sporenbildung sind beide Zellformen beteiligt. Die Größe der Zellen beträgt im Federstrich nach 48 Stunden 13,2—6,6:4,6—2,5 μ. In Milch wurden keine Sporen gebildet. Im Gelatinestich beginnt die Verflüssigung erst nach 6 Wochen und hat nach 72 Tagen erst ein Viertel der Säule aufgelöst. Besonders bemerkenswert sind hier die alle anderen untersuchten Hefen an Stärke übertreffenden flaumartigen Auswüchse am Stichkanal. Auf Mz.B.-Agar sind die Riesenkolonien sehr dick mit einer flachen Mulde. Der Rand fällt stark und kurz ab und ist ohne Wulst. Die Kolonie ist stark konzentrisch und wenig radiär gegliedert. Die Gelatinekolonie ist in der flüssigen Gelatine verschwommen. Kaliumnitrat wird besser als Acetamid vertragen. Der Geruch und Geschmack vergorener Milch ist stark alkoholisch. Es wird 0,14% Säure, als Milchsäure berechnet, gebildet. In bezug auf die Alkoholbildung gleicht sie der Hefe Nr. 5. Flüchtige Säure wurde bei verschiedenen Zuckerkonzentrationen 0,95 und 1,6° Thörner-Pfeiffer gebildet. Der Geruch der Vollmilchplatte ist wie bei Hefe Nr. 5.

Hefe Nr. 8, Saccharomyces lactis IIc.

Für diese Hefe werden auch nur wesentliche Unterschiede von Saccharomyces lactis II angegeben.

In bezug auf die Stickstoffernährung verhält sie sich wie Sacch. lact. IIa. Sie unterscheidet sich aber von allen untersuchten Hefen durch das zwischen 27 und 30° liegende Temperaturoptimum. 45° werden noch gerade vertragen. Auf der Vollmilchagarplatte trat keine Peptonisation ein, jedoch kräftiger Buttersäuregeruch.

Hefe Nr. 9, Saccharomyces lactis IId.

Unterschiede von Saccharomyces lactis II: Diese Hefe neigt, wie Sacchar. lactis IIb, zur Ausbildung längerer Zellformen. Dieser Hefe gleicht sie auch im Zellinhalt und den Größenabmessungen. Ebenso in ihrem Verhalten zu den verschiedenen Stickstoffquellen. Sie wächst noch bei 5°. Das Temperaturoptimum liegt bei 30°. Milch legt sie dick. Der Geruch vergorener Milch ist säuerlich hefig, doch der Geschmack nicht sauer, sondern mehr alkoholisch hefig. Der Pilz bildet 3,45% Alkohol in Milch von 10% Zucker. 10 ccm Peptonmilch werden dickgelegt. Wie bei Sacch. lactis IIc tritt auf Vollmilchagar innerhalb 14 Tagen keine Peptonisation ein. Der Geruch der Vollmilchplatte ist wie bei Sacch. lact. IIa, b und c buttersäureartig. 1,5% Milchsäure verträgt sie nicht mehr, 10% Kochsalz noch eben.

Hefe Nr. 11, Saccharomyces lactis IIf.

Diese Hefe zeigt in ihrer Sporenbildung insofern eine Abweichung von den übrigen Vertretern der Gruppe Saccharomyces lactis II, als hier die Zahl der runden Sporen die Vierzahl überschreitet und des öfteren 5 Sporen neben 4 und 3 zu beobachten waren. In der Zellform sind hier kleine Abweichungen festzustellen. An älteren Zellen, die oft gesproßt haben, sind derartig ausgeprägte Sproßnarben zu beobachten, wie ich sie bei den untersuchten Hefen in keinem anderen Falle wieder feststellen konnte. Die Zellen haben daher an der polaren Sproßstelle oft ausgesprochen eckige Form. Die Größe der Zelle beträgt 7,2:4,0 bis 4,6 μ. Der aufgerüttelte Bodensatz flüssiger Kulturen ist feinflockig. Das Wachstum auf Kaliumnitratagar ist besser als auf Ammonsulfat und Acetamid. Im Übrigen unterscheidet sie sich von der Sacch. lactis II: Die Riesenkolonien gehören dem Typ mit konzentrischer Struktur an. Die Mz.B.-Agarkolonie zeigt daneben noch schön regelmäßige, vertiefte, radiäre Teilung und einen terrassenförmig abgestuften Rand. Der Geschmack der vergorenen Milch ist sauer, bitterlich, hefig, der Geruch hefig. Milch mit Peptonzusatz wurde dickgelegt. In Milch mit 10% Milchzucker wurden 2° Thörner-Pfeiffer flüchtige Säure gebildet. 1,5% Milchsäure lassen noch eine verhältnismäßig kräftige Gärung zu.

Hefe Nr. 12, Saccharomyces lactis IIg.

Die wichtigsten Unterschiede von Saccharomyces lactis II:
Die Riesenkolonien zeigen sowohl auf Mz.B.- als auch auf Milchagar eine zentrale flache Mulde. An Stickstoffverbindungen wird Ammonsulfat am schlechtesten vertragen. 2—5° Wärme lassen noch ein schwaches Wachstum aufkommen. Vergorene Milch wird früh dickgelegt, riecht säuerlich und schmeckt ausgesprochen bitter. Die Bildung flüchtiger Säure entspricht der der Hefen Nr. 8 und 11. Durch Pepton und Dextrose wird die Caseinausfällungszeit nicht wesentlich verändert. 2% Milchsäure lassen noch eine schwache Gärung zu.

Hefe Nr. 13, Saccharomyces lactis IIh.

Diese Hefe gleicht in ihren morphologischen Eigenschaften der Saccharomyces lactis II. Doch sind hier bedeutende Abweichungen physiologischer Art festzustellen.

Im Gelatinestich ist nach 72 Tagen nur eine ganz geringe Erweichung im oberen Teil eingetreten. 1% Ammonsulfat als Stickstoffquelle ließ kein Wachstum mehr zu. Die Hefe wuchs bei 2—5° im Eisschrank noch schwach. Milch in größeren Mengen wird nicht dickgelegt. Doch tritt nach 32 Tagen, also sehr spät, in 10 ccm Milch Caseinabscheidung ein, die aber durch Zusatz von Pepton unterbleibt. Eine Peptonisation auf Milchplatten war innerhalb 14 Tagen nicht eingetreten. Die Vollmilchplatte riecht deutlich nach Buttersäure. 2% Milchsäure werden verhältnismäßig gut vertragen, dagegen 10% Kochsalz nur noch eben.

Hefe Nr. 14, Saccharomyces lactis IIi.

Diese letzte Hefe der Untergruppe II weicht morphologisch von der Saccharomyces lactis II wenig ab, doch läßt sie sich ebenfalls physiologisch differenzieren.

Die Riesenkolonien zeigen auf beiden Agars eine auffallend glatte Struktur. Von der ganz schwachen, umwulsteten Mulde gehen radiäre, vertiefte Strahlen aus, die den wenig geteilten Rand jedoch nicht erreichen. Der aufgerührte Bodensatz flüssiger Kulturen zeigt eine feinflockige Suspension. Diese Hefe ist in bezug auf die Begrenzung der zuträglichen Temperaturen die empfindlichste aller von mir untersuchten Milchzucker vergärenden Hefen. Das Minimum liegt bei 12—15°, das Optimum bei 30° und das Maximum um 40°. Die vergorene Milch riecht etwas hefig, mit leichtem Obstgeruch, und schmeckt sehr unangenehm sauer, bitter und käsig. Milch wurde immer durch diesen Pilz dickgelegt. Pepton und Dextrose zusammen sowohl wie einzeln verkürzen die Dicklegungszeit wesentlich. In Peptonmilch tritt nach 4 Wochen eine unten beginnende Caseinauflösung ein, die nach 6 Wochen vollständig war. Auch in Dextrosepeptonmilch war eine Peptonisation des Caseins zu beobachten. Auf den Milchplatten war eine Peptonisation eigenartigerweise nur auf der dünnen Magermilchplatte deutlich festzustellen. Auf der Vollmilchplatte ist deutlicher Johannisbrotgeruch bemerkbar. Milchsäure wird bei einer Konzentration von 2% noch gut vertragen, dagegen 10% Kochsalz nicht mehr.

Die Torulaceen.

Dieser Sproßpilzfamilie fehlt teilweise das Gärvermögen. Für die vorliegenden Untersuchungen kommen natürlich nur solche Vertreter in Frage, die ein ausgesprochenes Gärvermögen gegenüber Milchzucker besitzen.

Will[57] teilt diese Familie in 2 Gruppen; deren Unterscheidungsmerkmale hauptsächlich auf morphologischer Grundlage beruhen.

1. Die *Gattung Mycotorula* (*Will*). Diese Gattung weist Hefen ohne Sporenbildung auf, denen neben den ovalen und runden Zellen als typisches Merkmal auch langgestreckte Zellen eigentümlich sind und die sich von den Kahmhefen durch Gärvermögen unterscheiden. Sie besitzen sehr oft große feste Sproßverbände.

Diese Gattung ist bei den von mir untersuchten Hefen einmal vertreten: Hefe Nr. 1.

2. Die *Gattung Eutorula* (*Will*) umfaßt die Hefen mit runden und ovalen Zellen, mit oder ohne Gärvermögen, die keine Sporenbildung besitzen.

Ihr gehören die Hefen Nr. 4 und 15—19 an.

Auch an dieser Stelle möchte ich vorausschicken, daß alle von mir untersuchten Vertreter der Torulaceen wie Saccharomycetaceen sich verschiedenen Zuckerarten gegenüber vollkommen gleich verhalten. Sie vergären alle Lactose, Dextrose, Galactose, Saccharose und Raffinose, dagegen nicht Maltose und Arabinose. Tributyrin wurde ebenfalls von allen gespalten.

Gattung Mycotorula (Will).

Hefe Nr. 1, Mycotorula lactis.

Dieser Sproßpilz zeigt in seiner Zellgestaltung eine große Variabilität. Die Zellform und Größe ist steten Schwankungen unterworfen und von der chemischen Zusammensetzung und der Konsistenz des Nährsubstrats weitestgehend abhängig. Im Milchzuckerbouillonniederstrich bildet er vielzellige, dauerhafte Sproßverbände, deren Strahlen sich in mehrere Ebenen erstrecken. Die Zellen sind vorwiegend eiförmig und 8,0:4,0 und 10,0:4,6 μ groß. Im Zellinhalt sind nach 48 Stunden meistens mehrere Vakuolen in einer Zelle zu unterscheiden, die sehr oft an einem

Ende nicht abgerundet, sondern eckig und eingebuchtet (vermutlich des Zellkerns wegen) sind. Im Molkeadhäsionspräparat sind schon nach 24 Stunden einzeln liegende Zellen zu Sproßverbänden entwickelt, deren wildes Strahlengewirr kaum noch gestattet, die Entwicklung der Sprossung zu verfolgen. Die Zellform ist hier mehr langgestreckt und meistens 12:4,0 μ groß. In Milch gärend, nimmt Mycotorula lactis eine vorwiegend runde Form an, mit einer großen Vakuole und manchmal bis 6 dicht an der Vakuole gelagerten Fetttropfen. Doch können hier auch etwas längere, an den Enden kreisrunde Zellen beobachtet werden, die aber stets nur eine Vakuole hatten. Die Größen sind hier 5,3:5,3 μ und 12,6:5,3 μ. Auf Gipsblöcken sind neben den Formen und Größen, wie wir sie auch in Milchzuckerbouillon finden, ausgesprochen langgestreckte Zellen mit oft 3—4 kleinen Vakuolen und vielen Fetttröpfchen zu sehen. Die Größe dieser Zellen beträgt meistens 20:2,5—3,3 μ. Zellen, die Riesenkolonien entnommen wurden, waren im einfachen Präparat, wenn sie aus der Mitte der Kolonie stammten, rundlich eiförmig und ziemlich dick. Die dem Rande angehörigen Zellen waren jedoch lang und dünn. Das Verhalten in Milchzuckerbouillon und Bierwürze ist, bis auf geringere Vermehrung in Bierwürze, gleich. Eine Hautbildung findet innerhalb 48 Stunden nicht statt. Die Flüssigkeit ist vom ersten Tage an klar, wenn man von Flocken absieht, die nach 6 Tagen am Rande hängen geblieben waren und sich aber bei der geringsten Erschütterung sofort zu Boden senkten. Nach 40 Stunden ist am Rande des Gefäßes ein ganz schwacher Ring festzustellen, der sich aber nicht weiter entwickelt. Der Bodensatz ist reichlich und sitzt erst nach einer Woche am Gefäßboden fest. Er verteilt sich im Nährboden aufgerührt in sehr großen Flocken. Im Gelatinestich wächst Mycotorula lactis bis an das Ende des Stichkanals gut. Nach 4 Wochen sind noch perlartig in der Gelatine eingeschlossene Gasblasen zu beobachten. Der Stich zeigt nadelfeine, flaumartige, zum Kanal senkrechte Auswüchse. Nach 3 Monaten war bei 10—15° noch keine Spur von Gelatineverflüssigung zu beobachten. Die Riesenkolonien sind sowohl auf Mz.B.-Agar wie auf Milchagar nach 8 Wochen im Verhältnis zu den meisten anderen Hefen sehr klein. Auf Mz.B.-Gelatine war nach 8 Wochen bei 18° eine ganz schwache Verflüssigung, dicht um die Kolonie herum, zu beobachten. Die Riesenkolonien sind ausgesprochen radiär gegliedert, eine konzentrische Struktur fehlt auch andeutungsweise. Die Oberfläche ist rauh und stark zerklüftet und ohne jeden Glanz, der Rand stark eingerissen. Als Stickstoffquelle bevorzugt diese Hefe ebenso wie die untersuchten Saccharomyceten ausgesprochen Pepton. Kaliumnitrat ist am ungünstigsten. Die Hefe wächst noch bei 5—10°, die optimale Temperatur liegt um 37°, die maximale unter 45°. Milch wird durch sie unter keinen Umständen und weder nach Zusatz von Dextrose noch von Pepton dickgelegt. Vergorene Milch riecht hefig und schmeckt säuerlich hefig und schwach bitter. Sie bildet 0,16% Säure als Milchsäure. In Milch mit 4—5 und 10% Milchzucker erzeugt der Pilz 1,6 und 2,9% Alkohol. Der Gehalt an gebildeter flüchtiger Säure geht nicht über 0,8° Thörner-Pfeiffer hinaus. Milchagarplatten aller Art wurden innerhalb 14 Tagen nicht peptonisiert, doch wird Casein in der Milch abgebaut. Im Geruch der Vollmilch- und Magermilchagarplatte war kein wesentlicher Unterschied feststellbar. An Milchsäure kann die Hefe 1% noch eben vertragen. Sie gärt bei einer Kochsalzkonzentration von 10% nicht mehr.

Gattung Eutorula (Will).
Hefe Nr. 4, Eutorula lactis a.

Die Zellen dieser Hefe zeigen in Milch gärend den ausgesprochen runden Torulatyp mit großer Vakuole und einem Öltropfen bei einem Durchmesser von 4—5,3 μ. In Agarkulturen und im Federstrich ist die Form der Zellen mehr länglich eiförmig und mißt 9,2—6,0 : 5,3—3,4 μ. Im Zellinhalt der auf Agar gewachsenen Hefe sind neben einer großen Vakuole viele, im Plasma verteilte Fetttropfen zu bemerken. 48 Stunden alte, bis 9 Zellen enthaltende Sproßverbände des Federstrichs haben in ihrem Zellinnern wenig Charakteristisches. In flüssigen Nährböden verhält Eutorula lactis a sich untergärig. Eine Haut- oder Ringbildung findet nicht statt. Die Hefe sitzt fest am Boden und verteilt sich, aufgerüttelt, flockig im Substrat.

Im Gelatinestich wächst diese Hefe im ganzen Stichkanal und an der Oberfläche gut. Wie die Mehrzahl der untersuchten Hefen bildet auch sie perlartige Gasblasen und flaumartige Auswüchse am Stichkanal. Die Verflüssigung der Gelatine tritt sehr spät ein und ist nach 72 Tagen eine vollständige. Die Riesenkolonien auf Mz.B.-Agar sind wenig gegliedert, mit glattem Rand, von wachsartigem, mattglänzendem Aussehen. In der Mitte ist eine kleine Mulde. Die Kolonien sind schwach radial gefächert und wenig dick. Auf Mz.B.-Gelatine ist die Kolonie nur kleiner und zarter und sinkt bald in der verflüssigten Gelatine unter. Bei der Milchagarkolonie sind außer der deutlichen radiären Teilung noch ganz schwache konzentrische Kreise zu unterscheiden. In bezug auf verschiedene Stickstoffquellen bevorzugt der Pilz Pepton und verträgt Kaliumnitrat am schlechtesten. Die Kardinalpunkte der Temperatur liegen bei 10°, 37° und über 45°. Größere Milchmengen werden innerhalb eines Monats nicht durch die Hefe dickgelegt. Die Milch nimmt bei der Vergärung einen schwachen, nicht unangenehmen Geruch an und schmeckt milde säuerlich und schwach hefig. Die Hefe bildet 0,11% Gärungssäure als Milchsäure und in 4—5% und 10% Milchzucker enthaltender Milch 1,8 und 3% Alkohol und 0,8 und 1,8° Thörner-Pfeiffer flüchtige Säure. 10 ccm Milch werden in 20 Tagen dickgelegt. Dextrose verkürzt diese Zeit bedeutend, Pepton allein dagegen nicht. Innerhalb 14 Tagen ist nur auf der dünnen Magermilchplatte eine Peptonisation sichtbar. Die Vollmilchplatten riechen kräftig nach Buttersäure. Gegen Milchsäure ist die Hefe wenig empfindlich und gärt bei 2% noch schwach. Ebenso verträgt sie noch 10% Kochsalz.

Hefe Nr. 15, Eutorula lactis b.

Dieser Organismus ähnelt in seinem morphologischen Verhalten sehr der Eutorula lactis a. Als wichtige Unterschiede sind folgende zu konstatieren:

Die gebildeten Sproßverbände bleiben winzig und zerfallen leicht. Der Bodensatz in flüssiger Kultur verteilt sich staubig. Die federartigen Auswüchse im Gelatinestich sind sehr schwach. Die Gelatine ist nach 72 Tagen nur erweicht. Weitere Unterscheidungsmerkmale physiologischer Art sind folgende: Kaliumnitrat wird noch leidlich gut vertragen. Das Temperaturminimum liegt bei der Eisschranktemperatur von 2—5°. Vergorene Milch wird stets dickgelegt und schmeckt und riecht säuerlich hefig. Durch Dextrose findet eine beschleunigte Dicklegung statt. Peptonzusatz allein ließ bis zum 32. Tag keine Caseinausfällung erscheinen. Die Gärungssäure beträgt 0,19%. Die Hefe erreicht in 10% Milchzucker enthaltener Milch eine Bildung flüchtiger Säure im Betrage von 2,9° Thörner-Pfeiffer. Dieser Betrag wird von keiner anderen Hefe erreicht. Eine Peptonisation war auf keiner Milchagarplatte eingetreten. Die Vollmilchplatte und ebenso die Magermilchplatte riechen unangenehm käsig. Dieser Pilz kann noch bei 2,5% Milchsäure verhältnismäßig gut gären. 10% Kochsalz reichen jedoch vollständig aus, jede Gärung zu verhindern.

Hefe Nr. 16, Eutorula lactis c.

Diese Hefe hat ebenfalls nur winzige Sproßverbände. Der Bodensatz flüssiger Kulturen verteilt sich staubig. Die Riesenkolonie auf Mz.B.-Agar ist besonders eigenartig. Sie ist im ganzen ziemlich glatt und glänzend. In der Mitte ist eine knopfartige Erhöhung, um die sich eine Rinne zieht, von der radiäre Vertiefungen auslaufen, die jedoch den etwas erhöhten, rund abfallenden Rand nicht erreichen. Am Rande sind ganz schwache konzentrische Kreise feststellbar. Die Milchagarkolonie ist ähnlich. Ammoniumsulfat wird am schlechtesten vertragen. Die Hefe wächst noch bei 2°, verträgt aber 45° nicht mehr. Vergorene Milch wird dickgelegt, riecht hefig, apfelartig und schmeckt stark bitter. Pepton und Dextrose setzen die Dicklegungszeit bedeutend herab. In 10 ccm Peptonmilch tritt nach 4 Wochen deutliche Auflösung des Caseins ein. Der Pilz bildet 0,22% Gärungssäure. Der Geruch der Milchplatten unterscheidet sich kaum. 10% Kochsalz wird nicht mehr vertragen.

In den übrigen Belangen entspricht diese Hefe der Eutorula lactis a.

Hefe Nr. 17, Eutorula lactis d.

Auch diese Hefe ähnelt sehr der Eutorula lactis a. Mehrzellige Sproßverbände sind jedoch hier weniger selten. Der Bodensatz flüssiger Kulturen verteilt sich staubig. Den Riesenkolonien fehlt jede konzentrische Zeichnung, doch haben sie alle in der Mitte eine Mulde. Während der Durchschnitt der übrigen untersuchten Hefen die Stickstoffquellen in der Reihenfolge: Pepton, Asparagin, Kaliumnitrat, Ammonsulfat, Acetamid begünstigt, tritt bei dieser Hefe eine Veränderung insofern ein, als die Reihe hier heißt: Pepton, Kaliumnitrat, Acetamid, Asparagin und zuletzt Ammonsulfat. Das Temperaturoptimum liegt bei 30°, das Maximum unter 45°. Die vergorene Milch ist dickgelegt, von schwachem Apfelgeruch und, wie durch Hefe 16, stark bitter. Die Gärungssäure ist ebenfalls, wie bei Hefe 15 und 16, hoch und beträgt 0,19%. Pepton und Dextrose beschleunigen eine Caseinausfällung. Bei Peptonmilch ist wieder Caseinauflösung zu beobachten. 10% Kochsalz werden noch eben vertragen.

Hefe Nr. 18, Eutorula lactis e.

Unterschiede von Entorula lactis a: Der Bodensatz der flüssigen Kulturen verteilt sich staubig. Die im Federstrich gebildeten Sproßverbände sind winzig und zerfallen bald. In bezug auf Stickstoffquellen wird Kaliumnitrat vor Acetamid und Ammonsulfat bevorzugt. Vergorene Milch ist stets dickgelegt. Es werden bis zu 3,5% Alkohol in 10% Milchzucker enthaltender Milch gebildet. Auch auf der dünnen Vollmilchplatte tritt in 14 Tagen Peptonisation auf. 2% Milchsäure werden nicht mehr vertragen.

Hefe Nr. 19, Eutorula lactis f.

Die Hefe läßt sich von Eutorula lactis a wie folgt differenzieren: Der Bodensatz flüssiger Kulturen läßt sich staubig verteilen. Die Sproßverbände sind minimal. Im Gelatinestich trat bis zum 72. Tag keine Konsistenzveränderung ein. Die Riesenkolonien sind wenig gegliedert und sehr flach, mit flacher Mulde. Es sind nur wenige, radiäre Einschnitte zu beobachten. Der Rand ist glatt. Die Hefe wächst bei 45° kaum noch. Milch wird dickgelegt. Die Dicklegungszeit wird durch Pepton und Dextrose sehr verkürzt. Peptonmilch wird deutlich von unten herauf peptonisiert. 2% Milchsäure werden nicht mehr, dagegen 10% Kochsalz noch sehr gut vertragen.

Zusammenfassung.

Die Milchzuckervergärung zu Alkohol und Kohlendioxyd durch Hefen ist sicher seit dem 13. Jahrhundert gebräuchlich. Es ist aber anzunehmen, daß ihr Alter noch bedeutend höher ist.

Die milchzuckervergärenden Hefen sind keine morphologisch abgeschlossene Hefenfamilie oder Gattung. Es sind sowohl Vertreter der Saccharomyceten, Zygosaccharomyceten als auch der Torulaceen unter ihnen. Andere als diese sind bisher nicht in der Literatur erwähnt worden. Die Besonderheit der milchzuckervergärenden Hefen liegt in erster Linie auf physiologischem Gebiet. Neben dem Abbau des Milchzuckers ist teilweise von anderen Autoren auch Milchfett- und Caseinzersetzung beobachtet worden.

Die Gärung durch diese Hefen ist im Vergleich zu den Maltosehefen als eine schleppende zu bezeichnen.

Auf Grund angestellter Untersuchungen ergibt sich:

Die Hefen sind in der warmen Jahreszeit in der Rohmilch verbreiteter als in den kalten Monaten des Jahres.

Als Standort der Milchzuckerhefen sind, infolge ihrer besonderen Einstellung zu den Bestandteilen der Milch, die Milch und ihre Produkte anzunehmen. Sie sind aber auch in Teilen des Kuheuters zu finden, von denen sie in die Milch gelangen können.

Die untersuchten Hefen bevorzugen als Stickstoffquelle ausgesprochen höhere organische Verbindungen und von diesen besonders Pepton vor Asparagin. Sie unterscheiden sich dadurch deutlich von den Hefen der Maltosegärungsindustrie.

Die optimale Temperatur liegt zwischen 27 und 37°, ist also durchschnittlich höher als bei den meisten Industriehefen.

Milch wird durch die Hefen wesentlich verändert. Dieses ist äußerlich feststellbar an der Veränderung des Aussehens, Geruchs und Geschmacks.

Neben Alkohol wird durch die Hefen Säure in geringer Menge erzeugt, die aus Milchsäure bzw. Brenztraubensäure und flüchtigen Säuren besteht. Diese Säuremengen genügen jedoch nicht, die Milch dickzulegen, sondern es wird noch ein labartiges Enzym erzeugt.

In bezug auf das Verhalten gegenüber verschiedenen Zuckerarten war für alle untersuchten Hefen festzustellen:

Milchzucker und seine Komponenten Galactose und Dextrose, ferner Saccharose und Raffinose werden vergoren, dagegen nicht Maltose und Arabinose. In dieser Hinsicht ist eine Übereinstimmung mit den Untersuchungen anderer Autoren an milchzuckervergärenden Hefen aus Milch und Milchprodukten zu konstatieren.

Neben der Vergärung des Milchzuckers greifen alle Hefen in starkem Maße die Eiweißverbindungen der Milch an. Dieser Eiweißabbau ist rein äußerlich schon an der meistens in geringen Milchmengen beobachteten Caseinausfällung zu beobachten. Daß diese Fällung in unmittelbaren Zusammenhang mit dem Caseinabbau zu bringen ist, beweist das Auftreten der weißgelben Fällungszone vor der Peptonisation auf Milchagarplatten.

Die Milchagarplatten erwiesen sich als ein geeignetes Mittel, einen Caseinabbau nachzuweisen. Ferner war die Peptonisation direkt in der Milch bei einer Reihe der untersuchten Hefen durch eine unten beginnende Auflösung des ausgefällten Caseins festzustellen. Das Casein dient den Hefen sowohl als Kohlenstoff- als auch als Stickstoffquelle.

Auch das Milchfett wird durch alle untersuchten Hefen angegriffen. Diese Zersetzung läßt sich

1. durch den Geruch der Vollmilchplatten,
2. durch die bedeutend später als auf Magermilchplatten eintretende Peptonisation der Vollmilchplatten und
3. durch die Spaltung des Tributyrins konzentrierter Lösungen

nachweisen. Die Ausbildung des fettspaltenden Enzyms tritt dann erst stärker in Erscheinung, wenn der Zucker von den Hefen verbraucht ist. Die Fettspaltungsfähigkeit dieser Hefen beschränkt sich wahrscheinlich auf das Buttersäureglycerid, denn Fettspaltungsversuche auf Eijkmannplatten mit Talgen, die Glyceride höherer Fettsäure enthalten, verliefen vollständig negativ.

Auf Grund der Untersuchungen ergibt sich: als Kohlenstoffquelle wird zuerst der Milchzucker, dann das Milchfett und erst in dritter Linie das Casein der Milch abgebaut. Der Caseinabbau erfolgt stufenweise.

Gegen Milchsäure sind diese Mikroorganismen ziemlich widerstandsfähig. 1,5% werden nur von einer Hefe nicht vertragen, viele gären noch bei 2%, nur eine dagegen bei 2,5% Milchsäure.

10% Kochsalz können, mit einer Ausnahme, die Gärung bei den Hefen nicht verhindern. 15% Kochsalz werden von keinem der untersuchten Pilze vertragen.

Für die milchwirtschaftliche Praxis ergibt sich folgendes:

Die milchzuckervergärenden Hefen sind, neben dem geringen Nutzen, den sie als erwünschte Milchzuckervergärer in den Milchgetränken und als Aromabildner (nach *Weigmann*[53]) in der Butterei haben, als Schädlinge in der Milchverarbeitung aufzufassen, da sie sowohl die Milch, als auch Käse und Butter in unerwünschter Weise verändern können.

Die Schädigungen können bestehen:

a) bei der Milch: in einer wesentlichen Veränderung des Aussehens, Geschmacks und Geruchs durch Milchzucker-, Fett- und Caseinzersetzung;

b) bei der Butter: in dem Ranzigwerden der Butter durch Fettspaltung;

c) im Käse: in der durch die Kohlensäureproduktion bei der Milchzuckerzersetzung hervorgerufenen Blähung und der durch Fettspaltung und Caseinabbau entstehenden Geschmacksveränderung.

Die Bekämpfung dieser Schädigungen kann in ausreichendem Maße erfolgen durch eine Erhitzung der Milch auf 63° eine halbe Stunde lang, durch das Anwärmen der Käsemasse und durch genügend hohes Salzen der Dauerbutter.

Der Salzgehalt des Käses ist selten und der Milchsäuregehalt der Rahmsäuerung niemals ausreichend, die milchzuckervergärenden Hefen wirksam zu bekämpfen.

Literaturverzeichnis.

[1] *Adametz, L.* (1889), „Saccharomyces lactis", eine neue Milchzucker vergärende Hefenart. Zentralbl. f. Bakteriol., Parasitenk. u. Infektionskrankh., Abt. 1, Orig. 5. — [2] *Beijerinck, M. H.* (1889), Die Lactase, eine neues Enzym. Zentralbl. f. Bakteriol., Parasitenk. u. Infektionskrankh., Abt. 1, Orig. 6. — [3] *Bochicchio, Sc.* (1894), Über einen Milchzucker vergärenden und Käsebildung hervorrufenden Hefepilz. Zentralbl. f. Bakteriol., Parasitenk. u. Infektionskrankh., Abt. 1, Orig. 15. — [4] *Carrière* (1901), Ref. bei *v. d. Walle*[51]; Orig. Cpt. rend. des séances de la soc. de biol. 53. — [5] *Cochin* (1874), Duclaux, Chimie biologique. Encyclopédie chimique 133, IX, I, S. 681. — [6] *Dombrowski, W.* (1910), Hefen der Milch. Zentralbl. f. Bakteriol., Parasitenk. u. Infektionskrankh., Abt. 2, Ref. 28. — [7] *Duclaux* (1887, 1889), Fermentation alcoolique du sucre de lait. Ann. de l'inst. Pasteur **1**. 1887; **3**. 1889. — [8] *Edwards, S. F.* (1913), Fruity or Sweet Flavor in Cheddar cheese. Zentralbl. f. Bakteriol., Parasitenk. u. Infektionskrankh., Abt. 2, Ref. 39, Nr. 18/19. — [9] *Engel, H.*, und *H. Schlag* (1925), Beiträge zur Kenntnis des Colostrums der Kuh. Milchwirtschaftl. Forsch. **2**, H. 1/2. — [10] *Erlbeck, A. R.* (1911), Zur Geschichte der orientalischen Milchgetränke Kefir, Kumys, Joghurt. Milchzeit. Leipzig 1911, Nr. 28. — [11] *Filipovic, St.* (1923), Bakteriologische Studien über die Reifung einiger Backsteinkäse. Zentralbl. f. Bakteriol., Parasitenk. u. Infektionskrankh., Abt. 2, Ref. 58. — [12] *Freudenreich, E. v.*, und *Orla Jensen* (1897), Über den Einfluß des Naturlabes auf die Reifung des Emmentaler Käses. Zentralbl. f. Bakteriol., Parasitenk. u. Infektionskrankh., Abt. 2, Ref. 3. — [13] *Fuhrmann* (1907), Zeitschr. f. Untersuch. d. Nahrungs- u. Genußmittel 1907, H. 10. — [14] *Gratz, O.*, und *K. Vas* (1914), Die Flora des Liptauer Käses. Zentralbl. f. Bakteriol., Parasitenk. u. Infektionskrankh., Abt. 2, Ref. 41. — [15] *Grigorieff* (1885), Über die Mikroorganismen des Kumys. Russ. Med. Nr. 16—17; ref. bei *Rubinsky*. — [16] *Grimmer, W.* (1922), Leitfaden der Milchhygiene. S. 123. — [17] *Grixoni, G.* (1908), Nuovo latte fermentato a preparasti nei servizi ospedalici. Il Gioddu (Ann. di med. nav. e colon. 3). A. Kochs Jahresber. **16**. — [18] *Grotenfelt* (1889), I. Studien über Zersetzung der Milch. II. Über die Virulenz einiger Milchsäurebakterien. III. Über die Spaltung des Milchzuckers durch Sproßpilze und über schwarzen Käse. Fortschr. d. Med. 1889, Nr. 4. — [19] *Hansen, Em. Chr.* (1904), Grundlinien der Systematik der Saccharomyceten. Zentralbl. f. Bakteriol., Parasitenk. u. Infektionskrankh., Abt. 2, Ref. **12**. — [20] *Harrison, M.* (1903), La Torula amara. Rev. gén. de lact. 1903, Nr. 20. — [21] *Heinze, B.*, und *E. Cohn* (1904), Über Milchzucker vergärende Sproßpilze. Zeitschr. f. Hyg. u. Infektionskrankh. **46**. — [22] *Henneberg, W.* (1915), Über den Kern und über die bei der Kernfärbung sich mitfärbenden Inhaltskörper der Hefezelle. Zentralbl. f. Bakteriol., Parasitenk. u. Infektionskrankh., Abt. 2, Ref. **44**. — [23] *Henneberg, W.* (1925/1926), Handbuch der Gärungsbakteriologie. Bd. I u. II. Berlin: Parey. — [24] *Hess, F.* (1897), Vergärung von Saccharose durch die Hefen Saaz, Frohberg und Logos unter verschiedenen Bedingungen. Diss. Kochs Jahrb. **8**. — [25] *Horowitz-Wlassowa, L.* (1925), Zur Frage der Kumysgärung. Zentralbl. f. Bakteriol., Parasitenk. u. Infektionskrankh., Abt. 2, Ref. **64**. — [26] *Huesmann, A.* (1926), Zur Morphologie und Physiologie einiger für die Käserei

wichtiger Kahmhefen (Mycoderma). Diss. Kiel. — [27] *Jensen, Orla* (1902), Studien über das Ranzigwerden der Butter. Zentralbl. f. Bakteriol., Parasitenk. u. Infektionskrankh., Abt. 2, Ref. 8. — [28] *Jörgensen, A.* (1898), Die Mikroorganismen der Gärungsindustrie. 4. Aufl. — [29] *Kalantariantz, A.* (1898), Über die Flora des Mazun. Diss. Berlin. A. Kochs Jahresber. 9. — [30] *Kayser, E.* (1891), Contribution à l'étude physiologique des levures alcooliques du lactose. Ann. de l'inst. Pasteur 5. — [31] *Kirchner, W.* (1922), Handbuch der Milchwirtschaft. Berlin: Parey. — [32] *Kuntze, W.* (1908), Studien über fermentierte Milch. Zentralbl. f. Bakteriol., Parasitenk. u. Infektionskrankh., Abt. 2, Ref. 21. — [33] *Lafar* (1908), Handbuch der technischen Mykologie. 2. Aufl. Bd. 2. — [34] *Landowski* (1874), Du Kumys et de son rôle en therapeutique. Journ. de thérapeut. 1874. — [35] *Lindner, P.* (1905), Mikroskopische Betriebskontrolle in den Gärungsgewerben. 4. Aufl. Berlin. — [36] *Macé, P.* (1903), Quelques nouvelles races de levures de lactose. Ann. de l'inst. Pasteur 17. — [37] *Michaelis* und *Nakahara* (1923), Untersuchung der Lipasewirkung mittels des Stalagmometerverfahrens. Zeitschr. f. Immunitätsforsch. u. exp. Therapie, Orig. 36. — [38] *Nikolajewa* (1907), Die Mikrorganismen des Kefirs. Bull. de jardin imp. de St. Pétersbourg 7; ref. bei *Rubinsky*. — [39] *Potechin* (1883), Kumys. Tagebuch des ärztlichen Vereins in Kasan (russisch); ref. bei *Rubinsky*. — [40] *Pringsheim, H.* (1907), Über die Stickstoffernährung der Hefe. Biochem. Zeitschr. 3, H. 2—4. — [41] *Reinhardt, L.* (1911), Kulturgeschichte der Nutzpflanzen. München. — [42] *Rogers* (1903), Eine fettspaltende Torula, aus Büchsenbutter isoliert. Zentralbl. f. Bakteriol., Parasitenk. u. Infektionskrankh. Abt. 2, Ref. 10. — [43] *Rubinsky, Benj.* (1910), Studien über den Kumys. Zentralbl. f. Bakteriol., Parasitenk. u. Infektionskrankh., Abt. 2, Ref. 28, Nr. 6/8. — [44] *Russel* und *Hastings* (1906), Störungen in der Käsebildung, veranlaßt durch Lactose zerlegende Hefearten. (Bericht a. d. Ges. amerik. Bakteriologen.) Zentralbl. f. Bakteriol., Parasitenk. u. Infektionskrankh., Abt. 2, Ref. 16. — [45] *Sandelin, A. E.* (1923), Über die Einwirkung einiger aus Butter isolierter Hefenarten auf die Bestandteile der Milch. S.-A. a. Ann. acad. scientar. Fennicae Ser. A 19, Nr. 3. Helsinki 1921, ref. im Zentralbl. f. Bakteriol., Parasitenk. u. Infektionskrankh. Abt. 2, Ref. 58. — [46] *Schaefer-Teichert* (1921), Lehrbuch der Milchwirtschaft. 9. Aufl. — [47] *Schaffer* (1895), Über den Einfluß des sog. Nachwärmens bei der Käsefabrikation auf die Reifungsprodukte des Käses. Landwirtschaftl. Jahrb. d. Schweiz 9. — [48] *Ssorokin* (1883), Zu der Frage über die Fermente des Kumys. Tagebuch des ärztlichen Vereins in Kasan (russisch); ref. bei *Rubinsky*. — [49] *Stange* (1886), Kur mit Kumys und Kefir. Ergänzungsheft zu Ziemssens Handbuch der allgemeinen Therapie. Petersburg 1886; ref. bei *Rubinsky*. — [50] *Troili-Petersson, Gerda* (1904), Studien über die Mikroorganismen des schwedischen Güterkäses. Zentralbl. f. Bakteriol., Parasitenk. u. Infektionskrankh., Abt. 2, Ref. 11. — [51] *Walle, N. van der* (1927), Über synthetische Wirkung bakteriologischer Lipasen. Zentralbl. f. Bakteriol., Parasitenk. u. Infektionskrankh., Abt. 2, Ref. 70. — [52] *Weigmann, H.* (1890), Über die Lochbildung und Blähung der Käse. Milchzeit. 1890, Nr. 38. — [53] *Weigmann, H.* (1917), Bakteriologische Forschungen auf dem Gebiete der Butterbereitung. Milchwirtschaftl. Zentralbl. 1917. — [54] *Weigmann, H.*, (1924), Pilzkunde der Milch. 2. Aufl. Berlin: Parey. — [55] *Weigmann, H.*, (1907), *Th. Gruber* und *H. Huss* (1907), Über armenisches Mazun. Zentralbl. f. Bakteriol., Parasitenk. u. Infektionskrankh., Abt. 2, Ref. 19. — [56] *Weigmann, H.*, und *A. Wolff* (1922), Über die Flora der frischen Milch einer Viehherde bei Weidegang und Stallhaltung. Fortschr. a. d. Geb. d. Milchwirtsch. u. d. Molkereiwes. 2. — [57] *Will, H.* (1916), Beiträge zur Kenntnis der Sproßpilze ohne Sporenbildung in Brauereibetrieben. IV. Teil. Zentralbl. f. Bakteriol., Parasitenk. u. Infektionskrankh., Abt. 2, Ref. 46.

Über milchzuckervergärende Hefen der Rohmilch.

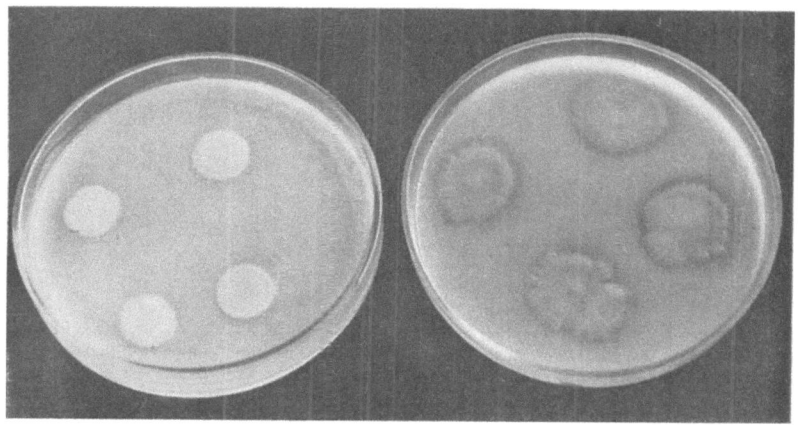

Abb. 1. *Peptonisation auf Milchagarplatten* durch die Hefe Nr. 5, Saccharomyces lactis II a. Links, auf der Vollmilchplatte nach 4 Tagen noch keine Peptonisation, dagegen auf der rechten Magermilchplatte deutlicher Kaseinabbau.

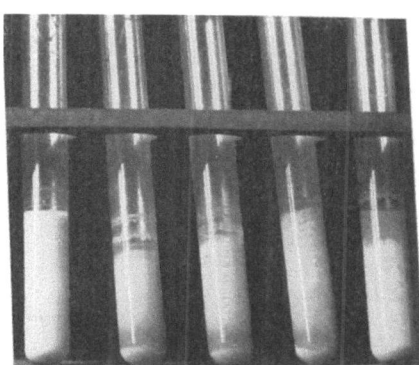

Abb. 2. *Kaseinabbau in Peptonmilch.* Links unbeimpft, dann Hefen Nr. 14, 16, 17 und rechts die Hefe Nr. 9, die in der Probe nur das Kasein der Peptonmilch ausgefüllt hat, aber noch keine sichtbare Auflösung des Kaseins zeigt. Nach 32 Tagen bei einer Temperatur von 30° C.

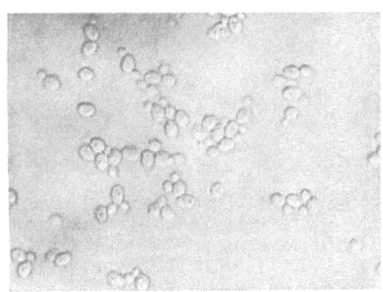

Abb. 3. *Zygosaccharomyces lactis* im Molkeadhäsionspräparat nach 24 Stunden bei 30°. 500 fach.

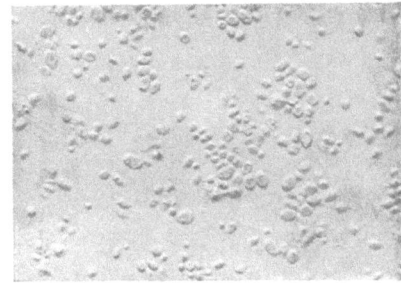

Abb. 4. *Zygosaccharomyces lactis*, aus flüssiger Kultur. Die Zellen sind im einfachen Präparat mit sehr verdünnter Essigsäure behandelt und lassen teilweise die Lage des Kernes oder diesen selbst erkennen. 500 fach.

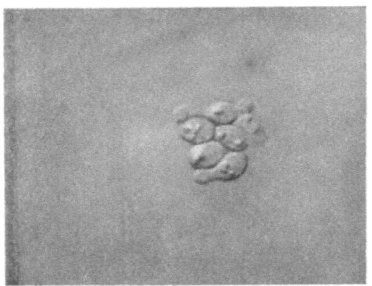

Abb. 5. *Zygosaccharomyces lactis* bei der Ausbildung eines Kopulationsschlauches im Würzeadhäsionspräparat. 1000 fach.

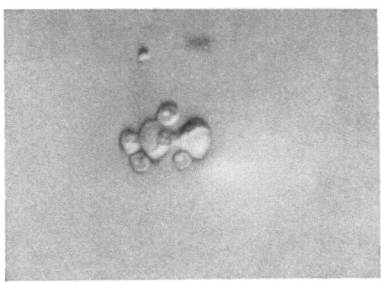

Abb. 6. *Zygosaccharomyces lactis* im Kopulationsstadium. Einfaches Adhäsionspräparat aus Würze. Die neben den Kopulanten liegenden runden Körper sind Sporen. 1000 fach.

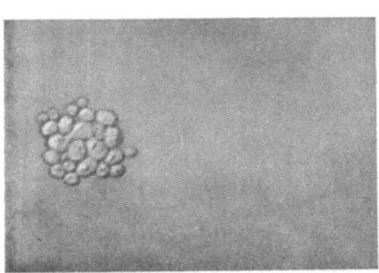

Abb. 7. *Zygosaccharomyces lactis*. Kopulation im Würzeadhäsionspräparat nach 52 Stunden. 500 fach.

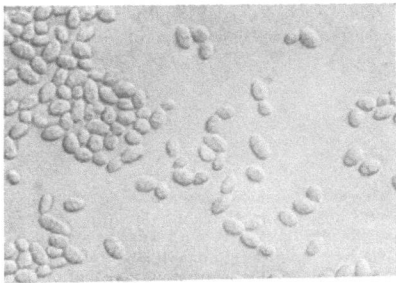

Abb. 8. *Saccharomyces lactis I* im Molkeadhäsionspräparat nach 24 Stunden bei 30°. 500 fach.

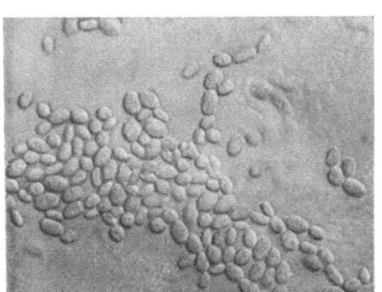

Abb. 9. *Saccharomyces lactis II* im Molkeadhäsionspräparat nach 48 Stunden. Vereinzelt Sporenbildung. 500 fach.

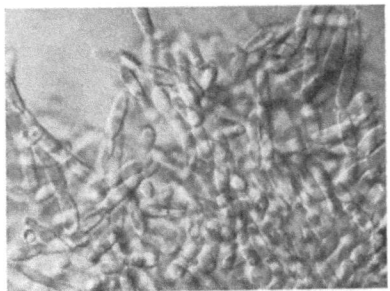

Abb. 10. *Mycotorula lactis*. Nach 24 Stunden haben sich im Molkeadhäsionspräparat große, ineinander verwirrte Sproßverbände gebildet. 500 fach.

Die vorliegende Arbeit wurde im Bakteriologischen Institut der Preußischen Versuchs- und Forschungsanstalt für Milchwirtschaft (Direktor: Prof. Dr. *Henneberg*) in der Zeit vom Juni 1926 bis Dezember 1927 angefertigt.

Es ist mir eine angenehme Pflicht, meinem Lehrer, Herrn Professor Dr. *Henneberg*, für die Überlassung des Themas, sowie für die Unterstützung und das Interesse an meiner Arbeit meinen verbindlichsten Dank auszusprechen.

Lebenslauf.

Am 16. I. 1900 wurde ich, *Ernst Hinrich Trüper*, in Rekum-Farge als Sohn des Baumeisters J. D. Trüper geboren. Nach 4 jährigem Besuch der Volksschule trat ich in das Realgymnasium zu Vegesack (Bremen) ein, das ich im Oktober 1917 mit Primareife verließ, um Apotheker zu werden. Meine Lehrzeit in der Apotheke mußte ich im Juni 1918 abbrechen, um in den Heeresdienst einzutreten. Nach Friedensschluß besuchte ich wieder die Primen des Realgymnasiums zu Vegesack und verließ die Anstalt 1920 mit dem Zeugnis der Reife. Nach beendeter Lehrzeit und dem Assistentenjahre in Apotheken bezog ich Sommersemester 1922 die Universität Göttingen und bestand Ende Wintersemester 1923/24 das pharmazeutische Staatsexamen. Sommersemester 1924 studierte ich pharmazeutische Chemie in Jena. Von Oktober 1924 bis März 1926 war ich in Apotheken praktisch tätig. Im Mai 1926 bezog ich die Universität Kiel, um Bakteriologie zu studieren bzw. zu promovieren.

Während meines Studiums nahm ich an den Vorlesungen und Übungen folgender Herren Professoren und Dozenten teil: *Feist*, *Windaus*, *Pohl*, *Berthold*, *Peter*, *Burgeff*, *Bitter* und *Blanck* in Göttingen, *Keller* und *H. P. Kaufmann* in Jena und *Henneberg* in Kiel.

MIX
Papier aus verantwortungsvollen Quellen
Paper from responsible sources
FSC® C105338

If you have any concerns about our products,
you can contact us on
ProductSafety@springernature.com

In case Publisher is established outside the EU,
the EU authorized representative is:
**Springer Nature Customer Service Center GmbH
Europaplatz 3, 69115 Heidelberg, Germany**

Printed by Libri Plureos GmbH
in Hamburg, Germany